Design Methods and Techniques of Modern Industrial Products

现代工业产品设计方法和技术

祝燕琴　宋姣　主编

化学工业出版社

·北京·

《现代工业产品设计方法和技术》从提升工业产品设计能力出发，阐述产品设计中所涉及的知识结构，包括产品设计理论基础、产品设计工程基础及设计软件操作。在强化基础的同时，针对企业的实际需求，注重产品设计的应用，如产品数据资料重建问题、产品的改良设计等，并从众多具体实例出发进行解析，以期获得事半功倍之效。

　　本书可作为全国职业院校技能大赛工业产品设计的指导用书，也可作为中等职业院校、高职高专院校工业设计专业的教学用书，还可供企业从事产品设计的人员参考。

图书在版编目（CIP）数据

现代工业产品设计方法和技术/祝燕琴，宋姣主编．—北京：化学工业出版社，2018.1（2024.8重印）
ISBN 978-7-122-31142-9

Ⅰ.①现…　Ⅱ.①祝…②宋…　Ⅲ.①工业产品-产品设计-教材　Ⅳ.①TB472

中国版本图书馆CIP数据核字（2017）第299442号

责任编辑：旷英姿　　　　　　　　　　文字编辑：王海燕
责任校对：陈　静　　　　　　　　　　装帧设计：王晓宇

出版发行：化学工业出版社（北京市东城区青年湖南街13号　邮政编码100011）
印　　装：北京盛通数码印刷有限公司
710mm×1000mm　1/16　印张13¼　字数316千字　2024年8月北京第1版第2次印刷

购书咨询：010-64518888　　　　　　售后服务：010-64518899
网　　址：http://www.cip.com.cn
凡购买本书，如有缺损质量问题，本社销售中心负责调换。

定　　价：54.00元　　　　　　　　　　　　　　版权所有　违者必究

党的十九大报告指明我国社会的主要矛盾已经转化为人民日益增长的美好生活需要和不平衡不充分的发展之间的矛盾。提供高品质产品和服务是满足人民的美好生活的基本需要。这对工业设计提出更高要求，也必将为工业设计界迎来前所未有的发展机遇。工业设计是以工业品为主要对象，综合运用工学、人机工程学、美学、心理学、经济学、社会学等理论方法，对功能、结构、形态、色彩及包装等综合优化的创新活动。

与发达的西方国家相比，我国的工业设计起步虽晚，但发展迅速。2006年，我国《国民经济和社会发展"十一五"规划纲要》第一次出现"工业设计"，随后写入"十二五""十三五"的发展规划纲要。这足以说明我国高度重视工业设计，特别是在国家实施创新驱动发展中的地位和作用。各地也相继出台扶持政策，加快并促进了工业设计发展，工业设计逐渐成为"大众创业万众创新"的新亮点。

创新是民族的灵魂，更是企业赖以生存和发展的核心竞争力。职业院校同样承担创新型技术技能人才培养的使命。为了加快职业院校工业产品设计人才的培养，教育部从2010年开始，在全国职业院校技能大赛设立"计算机辅助设计（工业产品设计CAD）"赛项。该赛项促进了职业学校工业产品设计人才的培养，也促进了艺术设计、计算机应用和机械设计等专业的跨界融合，促进了实践教学的内容、手段和方法的改革，提升了职业学校师生创新思维、职业技能和素养。

目前行业内的计算机辅助工业设计师、产品模型制作师等岗位急需职业院校学生，但是职业院校的人才培养面临着两个主要问题：一是工业设计师资不足，二是适合于职业院校学生进行产品创新设计训练的教材缺乏。本书汇集了祝燕琴老师及其团队近20年来教学、科研和大赛指导经验的积累，正好可以弥补职业院校的不足。

祝老师爱生如子，为人师表，关注学生全面发展，深受学生喜爱。教学中注重因材施教，方法灵活，善于启发学生创新思维。她指导众多学生参加全国大学生工业设计大赛、中国高等院校设计艺术大赛、全国刘海粟大师赛、全国职业院校技能大赛，学生中获一等奖15人，二等奖13人，三等奖4人。因此，她本人也于2015年获得全国职业院校技能大赛先进个人，2016年获得全国大学生工业设计大赛优秀指导教师，2015年、2016年两次获得江苏省技能大赛先进个人等荣誉称号。

该书用具体案例强化工业产品设计基础理论知识的掌握，同时注重工业产品设计创新实践能力的提升。充分考虑到职业院校学生特点，教学模块设计包含任务描述、学习目标、基础知识、训练练习等。训练目标明确，并且配有针对性实践训练内容和案例。

该书内容深入浅出，兼容并蓄，注重教材适用性。书中提供了多种设计方法和思路供学习借鉴，方便学生理论联系实践，掌握产品设计理论、创新方法与路径，可以很好地启发学生的创造性思维。

吴访升

2017年11月14日于南京

产品设计创新和表达能力是工业设计人员在工作中必须具备的基本素质。"工业产品设计"这门课程也是工业设计等专业进行岗位能力培养的一门重要的专业课程。它集理论和实践为一体，满足学生将来在工业产品设计、产品模型制作等岗位中对设计创新能力和模型制作能力的要求。

本书的主要内容包括：

（1）产品设计的基本概念和相关要素。通过本书的学习，熟悉产品设计中的形态、色彩和人机的设计要求，了解产品设计的基本概念，掌握基本的产品创新设计方法。

（2）材料和工艺的基本知识。作为产品设计师，必须对产品设计的材料和工艺要有充分的了解，否则会影响产品的可行性。通过本书的学习，读者能够掌握与产品设计相关的材料和工艺的知识，为产品设计打下良好的基础。

（3）产品设计建模软件Inventor的操作方法和实例演练。产品创新设计思维需要运用合适的表现方法来展现，作为功能全面的三维设计软件，Inventor可以实体建模、二维图纸智能输出、渲染动画、曲面设计、参数化管理等，能够方便、快速、有效的表达产品创意，并为产品的开模制造提供了很好的支撑。本书的第三章和第四章主要是介绍Inventor的基本操作方法和设计案例的建模过程。通过本书的学习，读者能够掌握Inventor的操作方法，掌握完整的产品设计表现方法。

（4）产品改良设计方法。产品改良设计是一种在现有产品的基础上进行的一种工业产品造型设计，是对现有的产品进行优化、充实和改进再开发的一种设计方法。这种方法对于企业来说是一条投入少、风险小、见效快的捷径，也是很多企业普遍采用的方法。通过本书的学习，读者可以掌握基于产品外观和使用功能的改良设计方法，能够根据企业的要求、产品的特点从事产品的改良设计。

（5）产品创新设计方法。产品创新对于企业来说具有非常重要的意义，它能够根据预测未来的发展变化，来改善企业的产品结构和经营状况，它是企业在激烈竞争中保持领先的法宝。通过本书的学习，读者可以了解产品创新设计的特征，掌握产品创新设计的方法，可以从事新产品开发设计方面的工作。

本书编写具有以下特点：

（1）在内容组织上，本书从提升工业产品设计能力出发，阐述产品设计中所涉及的知识结构；在强化基础的同时，针对企业的实际需求，更注重产品设计的应用，将理论与实践结合。

（2）在表现形式上，本书使用了大量的产品设计的案例，浅显易懂、循序渐进，趣味十足，对学习产品设计有很好的指导作用。

（3）在书的构架上，本书内容包含任务描述、学习目标、基础知识、训练练习等环节，各个环节紧凑，塑造了一个比较完整的教学体系。全书共分六章，根据学生的基础情况，在教学安排上既可以作为一个教学阶段安排，也可以分两个阶段来安排教学内容。

本书的参考学时为64～96学时，建议采用理论实践一体化教学模式教学。本书由多名具有丰富教学经验和从事工业产品设计的教师共同编写。全书由祝燕琴、宋姣任主编，滕佳华、贺玲花、张洪良任副主编，李漪、张磊、张雪、谷娟参编。

由于编者水平有限，书中疏漏之处在所难免，恳请读者批评指正，以便今后修订完善。

编者

2017 年 11 月

目 录 CONTENTS

01 第一章
产品设计理论基础 /1

第一节 产品设计概述 /1
一、工业设计与产品设计 /1
二、产品设计的特征 /2
三、产品设计的领域 /3
四、产品设计的基本要求 /4
第二节 产品设计与形态 /6
一、产品形态的基本要素 /7
二、产品形态设计的形式美法则 /11
三、产品形态的创新 /14
第三节 产品设计与色彩 /16
一、色彩的三要素 /17
二、色彩的心理感觉 /18
三、产品的色彩设计 /19
第四节 产品设计与人机工程学 /21
一、什么是人机工程学 /21
二、产品设计中的人机工程学 /21
三、产品设计中的人机工程学
分析 /22
四、显示与控制装置设计 /22
五、座椅设计 /22
六、手握式工具设计 /23

02 第二章
**常用的产品设计材料及
加工工艺** /26

第一节 金属材料及其加工工艺 /26
一、金属材料的固有特性 /26
二、金属成型加工工艺 /27
三、常用的金属材料及其应用
实例 /29

第二节 塑料及其加工工艺 /32
一、塑料的组成 /33
二、塑料的分类 /33
三、塑料的特性 /33
四、塑料的成型加工工艺 /35
五、塑料制件的结构设计 /36
六、产品设计中塑料材料应用
实例 /38
第三节 木材及其加工工艺 /40
一、木材概述 /40
二、木制品的加工工艺 /41
三、木材的表面处理 /42
四、人造板材 /43
五、产品设计中木材材料应用
实例 /44
第四节 陶瓷及其加工工艺 /46
一、陶瓷概述 /47
二、陶瓷的基本性能 /48
三、陶瓷的成型工艺 /49
四、产品设计中陶瓷材料应用
实例 /52
第五节 玻璃及其加工工艺 /54
一、玻璃的分类 /54
二、玻璃的基本性能 /55
三、玻璃的加工工艺 /55
四、常用的玻璃品种 /56
五、产品设计中玻璃材料应用
实例 /58

03 第三章
产品设计软件操作基础 /60

第一节 Autodesk Inventor 软件
概述 /60

第二节　Inventor中二维草图的
　　　　绘制　/63
　　一、草图的绘制　/63
　　二、草图的编辑　/66
　　三、草图的约束　/68
第三节　零件建模　/73
　　一、草图特征　/73
　　二、放置特征　/79
　　三、定位特征　/84
第四节　产品设计中的零部件装配
　　　　技术　/89
　　一、部件环境的基本操作　/90
　　二、约束　/91
第五节　表达视图　/96
　　一、表达视图介绍　/96
　　二、创建表达视图的一般流程　/96
第六节　工程图　/98
　　一、工程图视图　/99
　　二、工程图标注　/103
第七节　产品渲染　/108
　　一、场景、灯光、材质与照相机
　　　　设置　/108
　　二、渲染图像　/112
　　三、渲染动画　/113

04 Chapter 第四章
产品数字资料重建实例/117

第一节　电吹风的制作　/117
第二节　豆浆机制作　/132

05 Chapter 第五章
产品改良设计　/162

第一节　产品改良设计概述　/162
　　一、什么是产品的改良设计　/162
　　二、为什么要进行产品改良
　　　　设计　/163

三、产品改良设计包含的内容　/163
第二节　产品外观的改良设计　/165
　　一、调整产品的外形　/166
　　二、更新产品的色彩　/172
　　三、改善产品的材料　/173
第三节　产品使用功能的改良
　　　　设计　/174
　　一、对使用功能的改进　/176
　　二、对产品功能进行增减　/177
第四节　典型产品改良设计
　　　　案例　/178
　　一、用户调研　/179
　　二、设计研究　/181
　　三、方案设计　/182

06 Chapter 第六章
产品创新设计　/186

第一节　关于产品的创新设计　/186
　　一、什么是产品的创新设计　/186
　　二、产品创新设计的意义　/187
第二节　产品创新设计的特征　/188
　　一、创新收入的非独占性　/188
　　二、产品创新的不确定性　/189
　　三、产品创新的市场性　/189
　　四、产品创新的系统性　/189
第三节　产品创新设计思维的
　　　　种类　/190
　　一、想象思维　/190
　　二、顺向性创新思维　/192
　　三、逆向性思维　/193
　　四、仿生思维　/195
　　五、发散思维　/195
第四节　典型产品创新设计
　　　　案例　/197
　　案例一：古筝造型设计　/197
　　案例二：儿童益智玩具设计　/201

参考文献　/203

第一章 产品设计理论基础

第一节 产品设计概述

任务描述 ....

　　产品设计是工业设计的核心，是工程技术与美学艺术相结合的一种现代设计方法。本任务将简要介绍产品设计的概念和特征、产品设计的领域和基本要求。

学习目标 ....

　　1.了解什么是产品设计；
　　2.熟悉产品设计的特征；
　　3.了解产品设计的领域；
　　4.熟悉产品设计的基本要求。

基础知识 ....

一、工业设计与产品设计

　　工业设计作为人类设计活动的重要部分，是现代科学技术与人类文化艺术相结合，以现代化工业生产为基础的一门新兴实用学科。它作为一种现代设计方法，已成为关系到人们生活、工作、生产、劳动等多方面的重要设计活动之一。

　　工业设计起源于18世纪末19世纪初的欧洲，在当时由于一系列纺织机器的发明与蒸汽机的广泛应用，使得自18世纪中叶发展起来的工业革命达到了高潮。随着工业化的发展，也使当时的人们看到了广阔的前景，工业化生产给人们带来了价廉实用的产品，提高了人们物质生活水平。人们在丰富多彩的工业化产品中，似乎在重新审视着手工业产品的优劣性。在这样两难的情况下，人们必须寻找到一种新的途径用以解决人与机器、人与产品之间的矛盾。为此，工业设计便应运而生了。它经历了莫里斯的手工艺美术运动、新艺术风格、包豪斯的现代主义设计运动等近一个多世纪的历史进程，到今天已初步形成了一个较为完整的设计体系。

目前工业设计被广泛采用的定义是国际工业设计协会联合会（ICSID）在1980年的巴黎年会上为工业设计下的修正定义："就批量生产的工业产品而言，凭借训练、技术知识、经验及视觉感受而赋予材料、结构、形态、色彩、表面加工及装饰以新的品质和资格，叫做工业设计"。广义地理解工业设计，应该包括产品造型以及围绕产品的包装、广告、商品展示等二维的和三维的视觉传达设计方面的内容。更深层次上来说，广义的工业设计，是企业的市场开发、市场实现的重要手段之一，它已经成为联系技术与应用、企业与消费者、现实与未来的重要桥梁。狭义地理解工业设计即为工业产品造型设计，也叫产品设计，就是围绕产品的材料、构造、形态、色彩、表面加工及装饰而赋予特定产品以新的品质。本书讨论的主要是狭义的工业设计，即产品设计。

产品设计是工业设计的核心内容。所谓产品，是指人类生产制造的物质财富，它是由一定物质材料以一定结构形式结合而成的，具有相应功能的客观实体，是人造物，而非自然形成的物质，也不是抽象的精神世界。产品设计不是单纯的外形设计，而是更为广泛的设计与创造活动，它不仅包括产品形态的艺术性设计，而且包括与实现产品形态及实现产品规定功能有关的材料、结构、构造、工艺等方面的技术性设计。在整个设计过程中，产品形态、结构、材料、工艺与使用功能的统一，与人的心理、生理相协调，将始终是设计者研究和解决的主要内容。

综上所述，产品设计是工程技术与美学艺术相结合的一种现代设计方法。它不同于传统的工程设计，因为它在充分考虑产品结构性能指标的同时，还须充分考虑产品与社会、产品与人的生理和心理相关的文化要素；它不同于一般的艺术设计，因为它在强调产品形态艺术性的同时，还必须强调产品形态与功能、材料、结构、工艺相统一而产生的实用价值。所以，产品设计是一门综合性学科，是现代工业、现代科技和现代文化发展到一定阶段的必然产物。

二、产品设计的特征

产品设计具有物质产品和艺术作品的双重特征。作为物质产品，它具有一定的使用价值，即物质功能，这种物质功能往往是由产品的实用性和科学性予以保证的。说它又是艺术作品，是因为产品造型具有一定的艺术感染力，使人产生如愉悦、兴奋、舒适、安宁等感觉，满足了人们的审美需要，表现出精神功能的特征。但是产品的物质功能与精神功能是紧密联系在一起的，产品一旦失去物质功能，产品的精神功能也随之丧失。这是产品设计与其他艺术作品的不同之处。因此产品设计既不同于工程技术设计，又区别于艺术创作。如汽车设计，在设计进程中有两种不同的认知：一种从工程学的角度认为设计应偏重于工程和技术；另一种则从审美角度认为汽车设计应偏重于外形美。事实上汽车设计既离不开工程，也离不开美的设计，因为人们对汽车既有动力、速度和安全的要求，也有舒适、外形美的要求（如图1-1所示）。

产品设计的活动需要多专业、多工种甚至多学科的共同协作，同时受功能、物质和经济等条件的制约。所以，产品造型不是单纯的艺术创作，而是功能技术和艺术创作完美结合的结果，产品在具有实用性、科学性的同时，应该具备艺术性（如图1-2、图1-3所示）。所以，产品设计不同于一般艺术，具有科学的实用性，才真正体现了产品的物质功

图1-1　跑车

图1-2　PH灯

图1-3　蛋椅

能；具有艺术化的实用性，才能体现出产品的精神功能；某一时代的科学水平与该时代人们的审美观点结合在一起，就反映了产品的时代性。

三、产品设计的领域

1.日常用品类

日常用品包括家用电器、家用机器、炊饮器具、家具、照明设备、卫生洁具、旅行用品、玩具等（如图1-4 ～图1-6所示）。

图1-4　吸尘器

图1-5　水龙头

图1-6　眼镜

2.商业、服务业用品类

商业、服务业用品包括计量器具、自动售货机、电话机、电话亭、办公用品、医疗器械、电梯、传递设备、标志等（如图1-7 ～图1-9所示）。

图1-7　电话

图1-8　医疗检测仪

图1-9　复印机

3.工业机械及设备类

工业机械及设备包括机床、农用机械、通信设备、仪器仪表、计算机设备、传递系统、起重设备等（如图1-10 ~ 图1-12所示）。

图1-10　铣床　　　　　图1-11　电脑主机　　　　　图1-12　挖掘机

4.交通运输类及其附属设施

交通运输类及其附属设施包括各种车辆、水上运输船只、飞机、航天器和道路照明设施等（如图1-13 ~ 图1-15所示）。

图1-13　摩托车　　　图1-14　灯具　　　　　　图1-15　飞机舱

四、产品设计的基本要求

产品设计是为人类的使用进行的设计，设计的产品是为人所服务的。产品设计必须满足以下的基本要求。

1.功能性要求

现代产品的功能有着比以前更丰富的内涵，包括物理功能——产品的性能、构造、精度和可靠性等；生理功能——产品使用的方便性、安全性、宜人性；心理功能——产品造型、色彩、肌理和装饰诸要素给予人的愉悦感等；社会功能——产品象征或显示个人的价值、兴趣、爱好和社会地位等（如图1-16 ~ 图1-18所示）。

图1-16　电吹风　　　　　图1-17　蚁椅　　　　　　图1-18　水壶

2.审美性要求

产品必须通过其美观的外在形式使人得到美的享受。现实中绝大多数产品都是满足大众需要的物品，因而产品的审美不是设计师个人主观的审美，只有具备大众普遍性的审美情调才能实现其审美性。产品的审美，往往通过新颖性和简洁性来体现，而不单是依靠过多的装饰才成为美的东西，它本身必须是在满足功能基础上的美好的形体（如图1-19 ～图1-21所示）。

图1-19　玻璃杯

图1-20　电话

图1-21　鼠标

3.经济性要求

除了满足个别需要的单件制品，现代产品几乎都是供多数人使用的批量产品。产品设计师必须从消费者的利益出发，在保证质量的前提下，研究材料的选择和构造的简单化，减少不必要的劳动，以及增长产品使用寿命，使之便于运输、维修和回收等，尽量降低企业的生产费用和用户的使用费用，做到价廉物美。这样才能既为用户带来实惠，最终也为企业创造效益（如图1-22 ～图1-24所示）。

图1-22　自行车

图1-23　椅子

图1-24　灯具

4.创造性要求

设计的内涵就是创造。尤其在现代高科技、快节奏的市场经济社会，产品更新换代的周期日益缩短，创新和改进产品都必须突出独创性（如图1-25、图1-26所示）。

图1-25　鞋架

图1-26　APPLE电脑

5.适应性要求

设计的产品总是供特定的使用者在特定的使用环境使用的。因而产品设计不能不考虑产品与人的关系、与时间的关系、与地点的关系。产品必须适应这些由人、物、时间、地点和社会诸因素构成的使用环境的要求，否则，它就不能生存下去。

除此之外，产品设计还应该是易于认知、理解和使用的设计，并且在环境保护、社会伦理、专利保护、安全性和标准化诸方面，也必须符合相应的要求（如图1-27 ~ 图1-29所示）。

图1-27　血压仪　　　　　　　图1-28　汽车　　　　　　　图1-29　椅子

应用训练

产品设计的特征是什么？产品设计要满足哪些基本要求？

第二节　产品设计与形态

任务描述

形态是产品设计中的一个重要因素，是产品与功能的中介，没有形态的中介作用，产品的功能就无法实现。本任务将介绍产品形态构成的基本要素，以及产品形态构成的形式美法则和形态创新方法，掌握这些美学法则和创新方法，将有助于设计师创造出新颖、实用的产品形态。

学习目标

1.了解什么是产品形态的基本要素；
2.熟悉形态构成的形式美法则；
3.熟悉产品形态创新设计的方法；
4.能运用形态创新的方法进行产品形态设计。

一、产品形态的基本要素

形态是传达信息的第一要素。所谓形态，是指由内在的质、组织、结构、内涵等本质因素延伸到外在表象因素，通过视觉而产生的一种生理、心理过程。它与感觉、构成、结构、材质、色彩、空间、功能等要素紧密联系。

点、线、面是造型艺术的基础，是设计的基本要素。产品形态是以产品的外观形式出现的，任何一件产品形态无论简单或复杂程度如何，都是由最基本的形态要素点、线、面构成的。这些形态要素，反映在产品的外部形态方面，表现为不同的特性、形式与组合，构成了千变万化的产品形态。

1. 点元素

点是视觉可见的最小的形式单元，最简洁的设计形态。点在几何学上被界定为没有面积只有位置的几何图形。但在产品设计中的点，作为最简洁的设计形态，是具有一定形状和微小面积的构成要素。

点的形状通常有圆形、椭圆形、方形、尖状形、圆方组合形等，具有明确中心、标量、集中、醒目的特性。不同形状、大小的点给人不同的视觉感受、情感象征。

在产品设计中运用点可以采用重复、渐变、对比等变化手法来构成生动活泼的节奏和韵律变化的效果。

（1）重复 是指同样或近似的形态重复的出现。点的重复在产品设计中的应用较多，点的重复能使产品富有韵律感、节奏感。

（2）渐变 是指形态有规律地逐渐变动，从而产生节奏感和韵律感。在产品设计中，点的渐变形式是多方面的。如点的大小、疏密、粗细、距离、方向、位置、层次的变化，还有颜色的深浅、明暗都可以产生渐变效果。

（3）对比 是形态相互比较，求差异，使互异的形态强调、突出。在进行产品设计时，可以用点的对比来使产品的某些部位突出、醒目，加强其视觉效果。

图1-30是一个花洒的设计，在多个同心圆上布置了多个点状出水口，形成了发射的图形，绿色的出水口既有语意识别性，又让人心情愉悦。

图1-31是一个交流器，主体形态为圆柱形，点的运用创造出了强烈的艺术效果，使产品形态个性更为突出。

图1-32是一个遥控器设计，不同形式、不同的组合方式的点的运用使得产品的语意表达准确，便于操作，同时又富有韵律感。

图1-30 花洒　　　　图1-31 交流器　　　　图1-32 遥控器

2.线元素

　　线是点运动的轨迹。线是一切形象的基础，是决定形态基本性格的重要因素。自然界和人为的各种线可以归纳为直线和曲线两种。不同的线形具有不同的情感色彩，曲线显得柔和，直线则刚硬，曲直相间的线形富有节奏感，体量变化表达律动，由线生成面，由面生成体，线具有丰富的表达语言。产品的内在功能虽然没有什么变化，但通过线形变化会形成总体感观不同的风格。那么在产品设计中应如何运用线条呢？

　　（1）线形是一种形象语言　在产品设计中可以针对不同的产品功能特征寻找到线形组合关系予以表达。例如微电子产品的精密感可以用刚挺的直线、微妙的大弧度线面、饱满的弧面交替表达；机械工具的精密构造可以用直挺的切面、有机的弧面、吻合的手感曲面交叉表达；家用轿车的现代时速感可以用线面的流畅、主体面的多变线形中见细微的过渡表达等等。

　　（2）要掌握线形变换组合连接的技巧　在产品设计中，要注重单根线条的个性，注重以线延展形成面的转折变化，还要注重运用线条在大的面积和结构上的分割效果，在大面积的平整面上运用适当的线条能够表现出一定的起伏关系，在产品外壳部件的连接处运用线条能够表现出生动的变化，会给产品增加活力和动感。现在许多电子产品都充分运用线条来表现产品的视觉特征和美感。

　　（3）要掌握不同背景要求下的各种产品的表现特性　微电子技术的空前发展，形成了一些具有规范符号特征的象征性线形；崇尚休闲生活品质的潮流，产生了随意交错表达的线形个性；精密加工技术的发展，带来了微妙渐变的细腻过渡的线形风格。要善于借鉴每个产品系统中的成功线形表达原理，在此基础上线形的表达力才会更洗练、更强烈。

　　图1-33是Wizz电磁驱动车，该车车架由优美、流畅的曲线构成，富有动感。车轮毂的装饰也采用线状造型，整车形成了一个流动的造型，既美观又体现了车的速度感。

　　图1-34是西班牙设计师Sergi Devesa设计的"Zen"灯具，该设计是由线形的金属材料构成，创造出了一种独特的结构形态，不同密度的线形形成了不同的光照艺术效果。

　　图1-35是一个利用新颖合成材料与金属框架结合组成的椅子。椅子的座面利用材料的弹性编织而成，纷繁复杂的线形产生了犹如鸟巢的视觉效果，表达了设计师崇尚自然、追求舒适及和谐的设计理念。

图1-36是由南非设计师Keith Helfet设计的跑车，车身被设计成流线型，流畅的线条、主体面的多变线形中细微的过渡表达，使整个形态简约、整体，给人一种流动又简洁的美感。

图1-33　Wizz电磁驱动车

图1-34　"Zen"灯具

图1-35　椅子

图1-36　跑车

3.面元素

面是线运动的轨迹，是具有长度、宽度而无厚度的形体；面还有深度，但深度受一定尺寸制约，具有平整性和延伸性。面的最大特征是可以辨认形态，它的产生是由面的外轮廓线确定的。面的类型可分为：几何形、有机形、偶然形、不规则形。不同形状的面表现出不同的情感特征，给人以不同的视觉感受。如几何形面具有理性的秩序和冷漠的个性，图形简洁明快，易于被人识别记忆；有机形面具有纯朴的视觉特征，能令人产生一种有秩序的美感；偶然形面有一种天然生成的、其他形态所不能比拟的情趣和意味；不规则形面具有一种人情味的温暖感。因此，不同的面运用于产品设计中，应依据不同的形态目的，发挥不同面的特征，进行合理的运用，创造理想的形态。

在产品设计中，不仅可以利用面使产品具有整体感，而且面的形式能有效地吸引人们的注意力，因此，面是搞好产品设计不可缺少的要素。在设计中运用面可以采取移植、变化、嫁接、转换等变化方法。值得注意的是，面的切割可获得新的面，因此在产品设计中，要依据不同的造型目的，发挥面切割的灵活性，进行合理的组合，创造出理想的形态。

以下是面在产品设计中的应用实例。

图1-37是一个一体机，该设计由简洁的几何面组成，圆形面和方形面既有对比又有协调，简练的外形表出了产品的科技感。

图1-38是一个摄像机，该设计的主体由三个形体组合而成，形态简洁，造型不仅满足了使用功能的需要，而且也富有科技感和亲和力。

图1-39是由日本设计师Sori Yanagi设计的"蝴蝶椅"，该设计灵感来自于大自然中的蝴蝶形态，设计师将蝴蝶的外形用两个优美的曲面表达出来，创造了这一优美造型的椅子。

图1-37　一体机　　　　图1-38　摄像机　　　　图1-39　蝴蝶椅

4.点、线、面结合的运用

点、线、面之间的关系是十分密切的，点若延长就成为线，若扩大就成为面，线的宽度加大也成为面。三者之间几乎是不可能划界的，通常是相对而论。

在产品设计中，可以将点、线、面结合在一起运用，他们不同的组合形式的变化能给人不同的视觉心理感受，表达出理性平稳、轻松自然、富有情趣等不同的产品性格特征和视觉效果。

点、线、面的结合形式是变化多样的，在产品设计中，我们可以采用联合、分离、分割、交错、对比、渐变、特异等变化手法来表达不同的设计意念。

案例分析

图1-40是德国设计师Cerrit Rietveld设计的"红蓝"椅，该设计简洁明快，充满几何数学理念，是点、线、面要素的完美结合。此设计折射出了工业化社会中人们追求艺术与技术合理结合的艺术审美特征和文化倾向。

图1-41是轮椅的设计，点、线、面元素的综合运用将产品的形式和功能很好地融合在一起。

图1-42是一外接移动式光盘驱动器的设计，该设计打破了传统电子产品方盒子式的形态结构，运用简洁的曲面、规律排布的线条、对比的点来凸显产品的高科技感，创造了丰富的美学效果。

图1-40　"红蓝"椅　　　　图1-41　轮椅　　　　图1-42　光盘驱动器

二、产品形态设计的形式美法则

美学法则不同于审美意识，审美意识随着时代的发展、科学技术的进步、人们观念的变更，还有地区和民族的不同会有差异和变化，可美学法则却是不会变的，是共同的。这是由事物的内在规律所定，变化的事物总存在着不变的共同规律。对于各种各样的产品形态而论，成功的产品形态共有的规律是对比统一。产品形态设计的形式美法则主要是研究产品形态美感与人的审美之间的关系，以美学的基本法则为内容来揭示产品造型形式美的发展规律，满足人们对产品审美的要求。事物的美也往往反映着事物的发展规律。形式美的法则主要有：对称与平衡、比例与尺度、节奏与韵律、对比与统一。

图1-43　音乐播放器

图1-44　Y型椅

1.对称与平衡

对称与平衡的法则来源于人类对自然属性的认知，是人类发现和运用最早的法则。

对称也称为均齐，是在统一中求变化，对称的形态给人稳定的感觉；平衡则侧重于在变化中求统一，平衡的形态让人产生视觉与心理上的完美、宁静、和谐之感。两者综合运用，形成了三种平衡的方式：对称平衡、散射平衡、非对称平衡。

对称平衡就是指设计元素几乎是等距分配，其设计被中心线分成两半，一半与另一半完全或几乎完全相同（如图1-43、图1-44所示）。

散射平衡是指设计元素从一个中心辐射出来，像轮辐或菊花样的自然形态。这样的产品通常以圆周形式出现（如图1-45、图1-46所示）。

非对称平衡是指设计元素不对称布置，而达到视觉力的平衡。这种平衡不存在中心线和中心点（如图1-47、图1-48所示）。

图1-45　音乐播放器

图1-46　手表

2.比例与尺度

任何产品，不论呈什么形状，都必须存在长、宽、高三个方向的度量及比例，这三个方向度量之间最理想的关系包括的内容有：整体或某一局部本身的长、宽、高之间的度量关系，整体与局部或局部与局部之间的度量关系。正确的比例尺度是完美造型的基础，美的造型都具有良好的比例和合适的尺度。尺度是造型对象的整体或局部与人的生理或人所习见的某种特定标准之间的大小关系。比例是造型对象各部分之间、各部分与整体之间的大小关系，以及各部分与细部之间的比较关系。

产品造型设计中，首先要解决尺度问题，然后才能进一步推敲其比例关系。产品的尺寸符合结构、功能以及人机因素的

图1-47　相机

图1-48　水壶

图1-49　CD播放器

图1-50　投影仪

图1-51　水壶

图1-52　火炬

图1-53　交流器

图1-54　音乐播放器按键

图1-55　电脑

要求，而且整体比例和各部分比例协调和生动，才称得上是完美的造型。比例的确定，一般是先从整体大的比例关系上推敲，当大的比例关系基本确定之后，再推敲细部及局部的比例，最后协调局部和整体之间的关系，使细部与整体完美地统一起来。

（1）几何分析法　产品的整体，特别是外轮廓以及内部各主要分割线的控制点，凡符合或接近于圆、正三角形，正方形等具有确定比例的简单几何图形，就可能由于具有某种几何制约关系而产生和谐统一的效果（如图1-49所示）。

（2）相似形求得和谐统一　长方形，它的边长可以有不同的比例。但某些特殊的长方形，如边长比例为1∶1.414、1∶1.732、1∶2.236的长方形，由于受到上述数值关系的制约而具有明确的肯定性（如图1-50所示）。

（3）黄金分割　边长比例为1∶1.618的长方形为"黄金率长方形"。黄金分割的这种连续性构成一种有规律、有节奏的动态均衡（如图1-51所示）。

3.节奏与韵律

自然界中的许多事物和现象，往往由于有规律，重复地出现或有条理的秩序变化而激发人们的美感。这种美的形式激起人们有意识地模仿和运用，爱好节奏和谐之类的美的形式是人类生来就有的自然倾向。

节奏是一种条理性、重复性、连续性的艺术形式的表现。韵律是节奏内涵的深化，是在艺术内容上倾注节奏以感情因素。韵律美是一种有规律的重复、有组织的变化的美的形式。在造型设计中，采用重复的处理手法，可以突出造型中的某一特征，强调不同部分的共同因素，取得形体彼此间的联系，以求得整体。

产品设计中的节奏与韵律，常常产生于产品内的基本单元或某一特征的规律安排，产生于工业生产的标准化、通用化、系列化因素。节奏与韵律美应充分应用其自身工业中所蕴含的美感因素，而不能仅仅简单地去依靠节奏感的装饰图案（如图1-52～图1-54所示）。

4.对比与统一

对比与统一是形式美法则的集中与概括，是形式美的基本规律。任何实体形态总是由点、线、面、三维虚实空间、颜色和质感等元素有机地组合成为一个整体。对比是寻找各部分之间的差异、区别；统一是寻找各部分之间的共性、联系。

对比是指通过强调各种因素的差异，达到造型丰富、有层次的变化统一之效。如体量的大小，不同形状、方向的变化，线条的刚柔，明暗反差，空间的虚实等（如图1-55所示）。

统一是缩小差异，强调相互的内在联系，借助相互之间的共性以求得和谐。对比与统一是同一事物的两个方面，是相辅相成的，例如形状的方与圆、线条的刚与柔的对比。两种不同性质的东西不能作比较（如图1-56所示）。

（1）体量的对比与统一　体量对比是指形状相同，大小不同所发生的对比关系。构成产品各部分的体量主要是由产品的功能结构要求所决定的，但可适当地调整各部分的体积，做到相互衬托、互相弥补。

大体量引人注目，使人觉得突出，而小体量显得精巧，可点缀整个产品。统一主要是统一主从关系，保持适当的对比差异（如图1-57所示）。

（2）形状的对比与协调　形状对比在产品设计中用得非常多，这是由于各部分的内部结构不同，产生不同的外形，另外设计师们喜欢用不同的形状对比来丰富整个产品造型（如图1-58所示）。

（3）线条的对比与协调　产品中线的存在形式有：面与面的相交线、结构线、不同颜色的相交线以及装饰线；还有虽不存在，但人们可以感觉到的线，如曲面轮廓线、高光线以及明暗交界线。无论是实际存在的线，还是不存在的线，视觉中都可以感觉到，所以都影响产品的造型，不可忽视（如图1-59所示）。

（4）虚实的对比与协调　实指密封的板面，虚指凹入或者通透的部分。实给人完整的平面感，觉得厚实、向前突出；虚给人丰富的变化感，觉得通透、轻巧、略向后隐退。

适当的虚实对比，可使简单的平面丰富起来。无论是以虚面为主，还是以实面为主，两者对比都可以互相装饰，互相刻画，产生前后、节奏感（如图1-60所示）。

（5）方向的对比与协调　人们观察物体时会发现物体内有一种倾向性张力，物体在这种视觉张力的作用下有向某个方向扩张的暗示。在造型设计中，应用方向的对比可以使产品造型有变化，形成空间立体交错的视觉效果。方向的协调通常采用主从关系来达到（如图1-61所示）。

（6）材质的对比与调和　使用不同的材料可构成材质的对比。主要表现为人造材料与天然材料的对比；金属与非金属的对比；粗糙与光滑材料的对比等。橡胶材料的使用更加符合人的使用需求，也具有较强的感染力，能使人产生丰富的心理感受（如图1-62所示）。

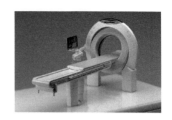

图1-56　检查仪

图1-57　清洁机

图1-58　相机（1）

图1-59　相机（2）

图1-60　清洁机

图1-61　CPU光盘驱动器

图1-62　笔

三、产品形态的创新

一个产品的形态是由多个要素相互之间的关系而形成的，如产品的功能、材料、色彩、结构等。这些要素既有各自独立的内容与特征，相互之间又有着密切的内在关系，并共同影响着产品的整体形态。由于产品设计的目的就是要创新产品，那么在进行产品设计中，产品形态创新就是关键的着手点。也就是说，在产品形态创意的过程中通过对上述形态要素的分析与比较，选择其中某些要素作为突破点，以寻求整体形态创新的可能性。

1. 功能创新

产品的目的是为人服务的，因此功能是第一位的，是整个设计中居主导地位的因素，它对产品的形态有决定性的影响。产品功能的创新主要是改善或改变产品原来的功能或提供新的使用功能等，使产品在使用和操作方面更科学、更合理、更贴近人的使用习惯，从而使产品更能满足人们生活方式的需要。

日本某公司设计的Walkman就是因为功能的创新而达到形态的创新甚至是生活方式的创新的典型案例，其设计思想的来源是如何解决当时台式和盒式录音机对人们欣赏音乐方式的限制，也就是说，怎样改善录音机的功能来满足人们在流动环境下听音乐的需求。通过将普通的录音机芯改成微型的机芯，Walkman实现了功能的创新，由于其体积小巧，携带方便，人们欣赏音乐的方式变得更灵活，从而拓展了产品的功能。由于微型机芯的采用使得录音机的造型一改以前笨重的形态（如图1-63所示），变得轻盈、小巧，实现了产品形态上的创新（如图1-64所示）。

图1-63 台式录音机

图1-64 Walkman

2. 材料创新

产品中的材料是人与产品沟通的中介物质，它既是内部机能的依附、保护、传播，又是人作用的直观实体，形成整体形态的物质。因此，选择正确的材料，采用正确的方法去处理材料，才能塑造产品的良好形态。

不同的材料在视觉和触觉上给人的感觉不同，由于材料的配置、组织和加工方法的不同，使造型产生轻、重、软、硬、冷、暖、透明等不同的形象感。因此，当某种材料被应用到某个产品时，就会使这一产品直接产生出与该材料特性相关的视觉特征。也就是说，即使是具有同样机能或具有相似外形结构的产品，由于所应用的材料不同，给人的视觉印象也不同。

不同的材料有着不同的加工和成型方法，不同的加工工艺也将对产品形态的创新起着直接的作用。20世纪30年代金属冲压成型技术的出现使得流线型风格风靡一时，但是流线型又受到当时技术水平的制约，只能形成笨重的抛物线型。后来塑料的发展和大量应用大大地改变了产品的造型，塑料在造型方面的优点是能形成曲线和大幅面的效果，如1960年世界上第一张玻璃钢椅就是一次成型的（如图1-65所示）。

图1-65 玻璃钢椅

随着技术的发展，出现了新型复合材料，新型材料使得产品造型方式有了更大的自由，产品的形态发生了更大的改变。

表面装饰工艺的应用也丰富了造型的艺术效果，如仿真喷涂技术可以改变产品的材料质感，该技术能在冰冷金属表面喷涂温和的软塑层、塑料表层镀上冰冷的金属层、塑料件外层贴上细薄的木质层等。因此，充分运用各种工艺创造不同的质感来产生不同的视觉形态，这是在产品形态创新中值得考虑的方法。

图1-66　某品牌电脑

在产品形态的创新过程中，积极探索新材料运用是非常重要的形态创新方法。例如某品牌电脑（如图1-66所示）的成功就是因为材料的创新而使产品的形态给人耳目一新的感觉，改变了传统电脑不透明壳体和千篇一律灰白色的视觉形态，使整个产品形态具有强烈的视觉冲击力。由于采用新材料会影响一些其他因素，因此，在形态创新时，应该针对具体产品的特点，来选择新材料，同时还要综合考虑使用环境、使用方式、技术、成本等因素。

图1-67　咖啡机

3.色彩创新

色彩是重要的形态表达要素之一，产品造型的个性和它所包含的视觉传达方面的各种信息，大多数是由色彩来表达的。色彩具有的强大的视觉表现力，是由于色彩能引起人们各种各样的感情变化，不同的色彩配置可表现出时髦、高贵、朴素、后现代等不同的风格（如图1-67所示）。色彩还具有联想性与象征性，人受到色彩的刺激会想起有关的事物，由于随着色彩联想的社会化，色彩就具有象征性。由于色彩因人的情感状态会产生多重个性，所以在产品设计中就应该利用色彩的视觉表现力来表达产品的造型特征和个性。那么怎样创新性地利用色彩来达到形态的创新呢？

图1-68　扫地机

运用色彩组合搭配原理来处理部件构成，从外观形态上把产品形象处理成有机关联的整体。例如，运用色彩的块面分割，可以将笨重的产品变得轻巧；运用色块连接线的变化，可以使僵硬的产品体量变得柔韧；运用色彩纯度的变化，可以突出某些控制部件的功能引导；运用色块的分隔组合，可以烘托出产品感观的整体感染力（如图1-68所示）。巧妙运用色彩，能把产品部件的每个局部统一起来，使产品的形态更具整体感。

4.结构创新

产品形态既是外在的表现，同时也是结构的表现形式。产品结构是产品构成完整形态的具体手段，一件产品必须依赖于自身的结构才能得以形成。结构是为功能服务的，它制约着产品造型，又推动着产品造型。假如没有适当的结构，形态就不能搭建起来。例如，将一张很薄的纸竖立起来，它几乎不能承受一点压力，但如果将它围成圆筒，就能抵抗一定压力。如果做成折叠形式抗压能力就更强了。这就说明了形态不同，结构就不同，它的本质也就有变化。也就是说，在设计产品的外观形态时必然会涉及它本身的结构形式。相反，如果改变这些产品的结构，必定也会对产品的整体形态产生很大的影响。

在产品形态呈现出的美感要素中，产品结构的新颖性与独特性占有十分重要的位置。一个具有新颖结构的产品往往能给人以强大的视觉冲击力，激起消费者的购买欲望。此

图1-69 "交叉"扶手椅

外，产品结构创新还能改善产品的使用功能，提高工作效率，使产品的各部分机能更科学、更合理。因此，在产品形态设计中，利用结构的创新来实现形态的创新是一个相当重要的手法。

在结构创新中，可以从外观结构的开启方式、运行结构传递出的感受、部件的连接方式等入手，努力通过结构的设置来传达产品形态的新颖性。以下是一些结构创新的成功案例。

图1-69是"交叉"扶手椅，该产品的主要特点在于使用了一种新的胶，不必用金属扣件来固定，实现了形态的创新。

图1-70是圆盘椅，此产品独特的结构使得形态具有强大的视觉冲击力。

图1-70 圆盘椅

对产品的功能、材料、色彩、结构等要素的创新是获得产品形态创新的重要手段，同时还应注意到这些要素是相互影响、相互作用的，对一种形态要素的创新必然会引起其他形态要素相应的变化。例如，产品功能的创新必然要求有与其相适应的材料、结构，产品色彩的创新也要考虑到与之相应的材料和加工工艺，产品结构的创新往往也需要新材料的支持，新材料的应用也可以引起产品功能、结构、色彩的变化。因此，在产品形态创新中，要充分考虑各个产品形态要素之间的相互关系，不断地综合和平衡这些要素，使之逐步形成合理又有创新性的产品形态。

　应用训练

运用点线面元素进行产品形态的创新设计，进行一种家居用品设计，要求符合形式美的法则。

第三节　产品设计与色彩

任务描述

色彩设计是产品设计中的一个重要的方面，色彩在产品造型中具有先声夺人的艺术魅力。本任务将简要介绍色彩的三要素和色彩的心理感觉，介绍产品设计中配色的方法。

学习目标

1.了解什么是色彩的三要素；
2.熟悉色彩的心理感觉；
3.熟悉产品设计中配色的方法。

一、色彩的三要素

　　色相（色调）、明度、纯度（饱和度）是色彩的三要素，或称为色彩的三属性。人眼看到的任一彩色光都是这三个要素的综合效果，其中色调与光波的波长有直接关系，明度和饱和度与光波的幅度有关。

　　色相，指的是不同波长的色的情况。波长最长的是红色，最短的是紫色。把红、橙、黄、绿、蓝、紫和处在它们各自之间的红橙、黄橙、黄绿、蓝绿、蓝紫、红紫这6种中间色——共计12种色作为色相环（如图1-71所示）。在色相环上排列的色是纯度高的色，被称为纯色。这些色在环上的位置是根据视觉和感觉的相等间隔来进行安排的。用类似这样的方法还可以再分出差别细微的多种色来。在色相环上，与环中心对称，并在180度的位置两端的色被称为互补色。

　　明度是指色彩的明暗程度，也称深浅度，是表现色彩层次感的基础。在无彩色系中，白色明度最高，黑色明度最低，在黑白之间存在一系列灰色，靠近白的部分称为明灰色，靠近黑的部分称为暗灰色。在有彩色系中，黄色明度最高，紫色明度最低。任何一个有彩色，当它掺入白色时，明度提高，当它掺入黑色时，明度降低，同时其纯度也相应降低（如图1-72所示）。

　　纯度是指色彩的鲜浊程度。纯度的变化可通过三原色互混产生，也可以通过加白、加黑、加灰产生，还可以补色相混产生（如图1-73所示）。凡有纯度的色彩必有相应的色相感。色相感越明确、纯净，其色彩纯度越纯，反之，则越灰。纯度较低，色彩相对也较柔和，纯度很高的色彩应慎用。

图1-71　12色相环

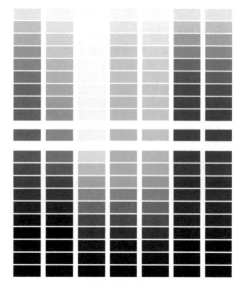

图1-72　明度

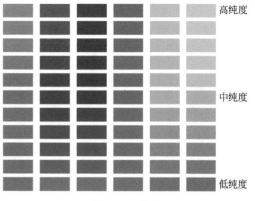

高纯度

中纯度

低纯度

图1-73　纯度

二、色彩的心理感觉

色彩能引起各种情绪上的反应，它能够使人激动，也能使人平静。通过色彩的联想可以引发不同的心理活动，不同的色彩（不同色相、不同明度的色彩）给人以不同的冷暖感、轻重感、软硬感、情绪感。

1.冷暖感

人们对色彩所传递的冷暖主观差距会有差异，比如人们看到红色、橙色会联想到火或者温暖的阳光，有热的感觉；而看到白色或蓝色就会联想到冰雪，有冷的感觉。相同面积的两个房间一间刷成蓝绿色，一间刷成红橙色，就会感觉蓝绿色的房间似乎温度低些，而红橙色的房间温度高些，这是因为色彩对人的刺激，与血液循环的调节建立了一个信号系统，每当看到蓝绿色时，血液循环就会减弱，而看到红橙色时，血液循环就会加剧。图1-71所示的12色环中，黄绿到红紫都是属于暖色系，蓝紫到蓝绿是属于冷色系。黑、白、灰、金、银等既不是暖色，也不是冷色，是属于中性色。

2.轻重感

轻重是物体的物理量，而物体表面的色彩则在一定程度上给人造成心理上的量感。在生活中，雪花、棉花、纱巾、云等给人轻的感觉。在色彩中，像白、淡蓝、淡绿、粉紫等这类明度高、色相冷的色彩，让人联想到轻。生活中常见的岩石、钢铁这样体积大而重的物体，容易给人以重的感觉。在色彩中，如黑色、明度低的暗色或者表面粗糙的颜色，容易给人重的感觉。在产品设计中，一般上部用明度、纯度稍高的色彩，而下部用明度、纯度较低的色彩，使产品显得稳定（如图1-74所示）。

图1-74　投影仪

3.软硬感

软硬是物体质感的一种表现，它与物体的形状、表面质地有关，同时它的色彩也体现出软硬的感觉，这主要与色彩的明度和纯度有关。软的物体形状一般为曲线或有弹性，想要表达软的感觉，色彩应该比较柔和，对比度小，一般采用中等纯度和高明度的色彩，如淡黄、嫩绿或淡灰色（如图1-75所示）。硬的物体一般外形为直线或折线，想要表达硬的感觉，色彩一般用单一的灰暗色（如图1-76所示）。

图1-75　音乐播放器

4.情绪感

色彩能引起人的情绪变化。凡是明度高而鲜艳的色彩有欢乐感，色调对比强烈也有这样的效果。凡深暗而浑浊的色彩具有忧郁感，色调暗且对比弱的配色易产生这种效果。

在色相方面，凡是偏红、橙的暖色具有兴奋感，凡是偏蓝青的冷色调具有沉静感。在明度方面，明度高的色具有兴奋感，明度低的色具有沉静感。在纯度方面，纯度高的色具有兴奋感，纯度低的色具有沉静感。因此，暖色系中明度高而鲜艳的色具有兴奋感，冷色系中深暗而浑浊的色具有沉静感。强对比色调具有兴奋感，弱对比色调具有沉静感。

图1-76　手机

三、产品的色彩设计

作为产品的外观，色彩不仅具备审美性和装饰性，而且还具备符号意义和象征意义。作为视觉审美的核心，色彩深刻地影响着人们的视觉感受和情绪状态。人类对色彩的感觉最强烈、最直接，印象也最深刻，产品的色彩来自于色彩对人的视觉感受和生理刺激，以及由此而产生的丰富的经验联想和生理联想，从而产生复杂的心理反映。

产品设计中的色彩，包括色相、明度、纯度，以及色彩对人的生理、心理的影响。产品设计中的色彩暗示人们的使用方式并吸引人们的注意，如传统照相机大多以黑色为外壳表面，显示其不透光性，同时提醒人们注意避光，并给人以严谨感，而现代数码相机则以银色、灰色以及更多鲜明的色彩系列作为产品的色彩呈现。色彩设计应依据产品表达的主题，体现其诉求。而对色彩的感受还受到所处时代、社会、文化、地区及生活方式、习俗的影响，反映着人们追求时代潮流的倾向。

1.确定产品色彩的主色调

设计一个产品的色彩，在配色上要有主色调才能得以统一，即应以一种色为主，其他色为辅。主色调占大部分面积，其位置也多在醒目之处。一旦主色调选定后，其余色彩必须围绕这个主色调配置，以形成统一的整体色调。一个产品用色不宜太多，一般2～3色为佳（如图1-77～图1-79所示）。

图1-77　收音机　　　　图1-78　音乐播放器　　　图1-79　扫地机器人

2.采用对比配色

（1）某种颜色与中性色对比　例如红与黑、灰、白对比，宝石蓝与灰色对比，黄与黑、白的对比等（如图1-80～图1-82所示）。

图1-80　摄像头　　　　　图1-81　传感器　　　　图1-82　吸尘器

（2）灰色系列的对比　采用大面积低纯度、高明度的颜色，与它对比的局部采用灰的对比颜色。整个产品色相不十分明显，但显得高雅、明快（如图1-83～图1-85所示）。

图1-83　剃须刀　　　　　　图1-84　手机　　　　　　　图1-85　鼠标

（3）中性色的对比　黑、白、灰、金、银等既不是暖色，也不是冷色，而是属于中性色。在产品设计中，可以采用不同明度的灰进行配色，也可以金、银和灰配色（如图1-86～图1-88所示）。

图1-86　收音机　　　　　图1-87　多功能一体机　　　　图1-88　相机

（4）局部点缀　在产品色彩设计时，应结合人们的传统习惯，利用色彩来暗示产品的功能。例如一些电器的指示灯通过色彩给使用者以提示。绿色表示正常运行，红色则表示警示。不同的色彩提示着不同的功能，让人一目了然（如图1-89～图1-91所示）。

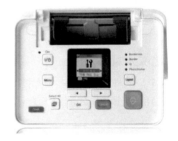

图1-89　榨汁机　　　　　图1-90　吹风机　　　　　　图1-91　可视门铃

应用训练

1.从日常用品类、商业和服务业用品类、工业机械及设备类、交通运输类中各选一个优秀产品，进行配色分析。

2.从日常用品类、商业和服务业用品类、工业机械及设备类、交通运输类中各选一个案例，运用产品配色方法对其重新配色。

第四节　产品设计与人机工程学

任务描述

美在于适宜，在于事物的和谐，设计一个造型优美的产品，不但要满足人们视觉的审美需求，而且要适合于人的使用操作。人机工程学就是研究人和产品之间最佳协调途径和方式的科学，本节将简要介绍人机工程学的特点和作用，介绍产品设计中人机工程学的应用。

学习目标

1.了解什么是人机工程学；
2.熟悉产品的人机工程学分析方法；
3.熟悉产品设计中人机工程学的应用。

基础知识

一、什么是人机工程学

人机工程学是20世纪40年代后期跨越不同学科领域，应用多种学科的原理、方法和数据发展起来的一门新兴的边缘学科，是以人的生理、心理特性为依据，运用系统工程的观点分析研究人与机械、人与环境以及机械与环境之间的相互作用，为设计出操作简便省力、安全舒适、人－机－环境的配合达到最佳状态的工程系统提供理论支持和方法的科学。因此，人机工程学可定义为：研究人在某种工作环境中的解剖学、生理学和心理学等方面的各种因素；研究人和机器及环境的相互作用；研究在工作中、家庭生活中和休闲时怎样统一考虑工作效率、人的健康、安全和舒适等问题的科学。从产品设计角度来看，由大型的机器设备到人的日常生活用品，在人类的生产和生活的很多方面都与其密切相关。

二、产品设计中的人机工程学

产品造型设计的目的是制造出款式新颖美观、操作使用方便、使人获得视觉上的美感和使用上的舒适感的产品。随着科学技术的发展，生产过程的机械化、自动化以及各种自动装置、电子装置、计算机装置的广泛应用，人和产品之间的协调关系提出了操作的速度、准确度和舒适度的更高要求。产品造型设计的新理念要创造一个新的适宜的环境条件，符合人的生理和心理特点，满足操作方便、反应准确、减少差错提高工效的要求。因此，在提高人－机系统整体效率的过程中，研究人和产品之间最佳协调途径和方式的人机工程学就成为更新产品、提高产品质量的一个重要方面。

三、产品设计中的人机工程学分析

在进行产品设计时，设计师要进行正确有效的人机工程学分析，大体从以下几个方面入手：限制条件的分析，分析影响产品人机关系的外界因素，如产品使用的场所、环境、气候、季节、时间等；使用者的分析，包括对使用者的构成，使用者的生理、心理状态和行为方式的分析；使用过程分析，通过使用过程的模拟，以求及时发现产品中可能存在的人机问题，让人与产品相互协调，在使用过程中，人处于舒适的状态并能方便地使用产品。

四、显示与控制装置设计

随着科学技术的发展和产品自动化程度的提高，使人对机器的控制由以前主要依赖手工技能、手眼协调转向依靠对信息的感知、判断和选择的能力，从而使得人–机之间的信息交流和控制活动变得日益重要。在人机界面上，向人表达机器和设备状态的仪表或器件叫显示器（信息显示装置），供人操纵的装置或器件叫控制器。

1.显示装置设计

显示设计主要是要考虑人的信息处理能力、视觉听觉的生理心理特征。因此显示设计的要求就是要准确、及时、有效地将信息传递给操作者。

在具体设计上不仅要考虑仪表的类型、大小、色彩，仪表台的尺度、角度、采光，而且还要进一步考虑显示什么、不显示什么，显示内容的精度要求、按什么次序显示、用什么方式显示、如何突出重要信息、如何引导操作者的识读等问题，所以要进行对被显示信息的研究、对使用状态的研究、对识读过程的分析及对显示手段的了解和选用。

2.控制装置设计

人通过控制器发出指令来控制机器的运行。人的操作以手足的活动为主，其次也有利用声音或躯体进行控制，某些高档照相机甚至发展了眼控技术。

控制装置设计的基本原则就是要在满足有效控制的前提下，尽量精简控制器的数量，减少动作步骤，提高控制器的识别效率，减轻手的工作强度。在产品设计中首先要分析输出信息的性质与作用，然后再进行控制方式的选择、设计。对控制器的设计除了考虑人的尺度、操纵力、操作范围，控制器的尺度、位置、语意、形态外，还要注意以下几个方面：控制器应该有一定的阻力以防误操作；要注意控制器之间的合理布置和最小间距；对于数量较多的控制器要进行合理的编码；对信息的操作要给予一定的反馈；操作方式应尽量符合人的行为习惯和本能；对动作的精确度进行合理性分析。

五、座椅设计

随着社会自动化程度的提高，越来越多的作业采用坐姿完成，坐姿是人体较自然的姿势，它有很多优点，如：能减少人体能耗；有利血液循环；利于保持身体稳定等。其缺点是：工作时限制人体活动范围（特别是需上肢出力的场合）；长期维持坐姿会导致脊椎非正常弯曲；坐姿太久也会造成下肢肿胀等。

座椅的设计应考虑以下几点：座椅尺寸应与人体测量数据相适宜；座椅形式与尺度应与功用有关；身体主要重量应由臀部坐骨结节承担；能使就座者保持舒适坐姿（包括腰靠

图1-92　办公椅

图1-93　可变换椅

问题、座椅前缘问题）；就座者应能方便地变换姿势，座椅稳定、安全（如图1-92、图1-93所示）。

座面高度是指地面至就座后座面上坐骨支承处的高度。合适的座高应使大腿保持水平，小腿垂直，双脚平放在地面上。座面过高会使大腿肌肉受压，过低又会增加背部肌肉负荷。座面高度应以小腿加足高的低数值进行设计。休息用椅高约380～450mm，工作用椅高约400～480mm，通常设计成可调式。

座面宽度应满足臀部就座所需的尺度，使人能自如地调整坐姿。通常以女性臀宽尺寸的高数值进行计算，一般可取400～500mm。座宽也不能过大，对长时间坐姿作业来说，座宽太大，肘部须向两侧寻求支撑，反易引起疲劳。

座面深度指椅面的前后距离，其尺寸应满足三个条件：使臀部得到充分支持；腰部得到靠背支持；椅面前缘与小腿之间留有适当距离。椅面深度以坐深低数值进行设计，休息用椅约为400～430mm，工作用椅约为350～400mm。

座面倾角是指座面与水平面间的夹角。座面通常应稍向后倾，这样既可防止坐者从座面滑出，又可由于重力后移，使得腰背能获得较大面积支承，减轻疲劳。休息用椅倾角为14°～24°，工作用椅倾角为2°～5°。

靠背的作用是保持脊椎处于自然形态的轻松姿势，设计靠背重点在腰部，即距座面230～260mm处。靠背最大高度可达480～630mm，最大宽度350～480mm，对休息或长途运输工具中的乘客用椅，应采用高靠背，并加靠枕。

从保持脊椎的正常自然形态和增加舒适感考虑，靠背与座面夹角一般以不大于115°为宜。如工作用椅可取95°～105°，休息用椅可取105°～115°。

人坐着时，人体重量的75%左右由约25cm²的坐骨结节周围的部位来支承，所以坐久后，人会感到臀部酸痛。若在座面上加上软硬适度的坐垫，可增加接触面，从而减少压力分布的不均匀性，但坐垫不宜太高太软。

扶手的主要作用在于：支承手臂重量；可在起坐或变换坐姿时用来支撑身体；或颠簸时帮助保持身体稳定。一般休息椅扶手高度约200～230mm，扶手间距约500～600mm。

六、手握式工具设计

工具是人类四肢的扩展。使用工具使人类增加了活动范围、力度，提高了工作效率。工具的发展过程几乎与人类历史一样悠久（如图1-94～图1-96所示）。

图1-94　鼠标　　　　　　　　图1-95　键盘　　　　　　　　图1-96　水果刀

1.手操握工具的特点

（1）指掌部位　主要执行抓握动作。

（2）腕关节　完成两个面的动作，这两个面各成90°，一面产生掌侧屈与背侧屈，第二个面产生桡侧偏和尺侧偏（如图1-97所示）。

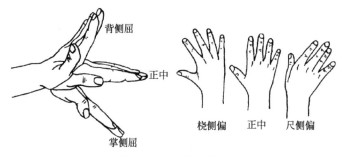

图1-97　腕关节的活动

（3）小臂部位　主要实现手掌的转动功能。

操握时由以上部位共同动作，使手具有极大灵活性。就抓握动作来看，可分为着力抓握和精确抓握。着力抓握时，抓握轴线和小臂几乎垂直，稍屈的手指与手掌形成夹握，拇指施力。精确抓握时，工具由手指和拇指的屈肌夹住，一般用于控制性作业。操作工具时，动作不应同时具有着力与控制两种性质，否则会加速疲劳，降低效率。使用设计不当的手握式工具会导致多种上肢职业病（如图1-98、图1-99所示）。

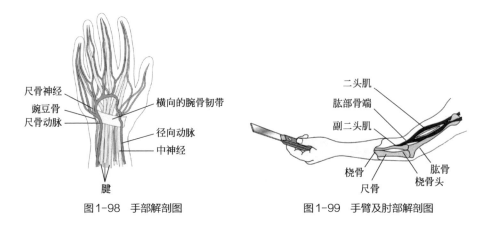

图1-98　手部解剖图　　　　　　　　　　图1-99　手臂及肘部解剖图

2.手握式工具设计原则

（1）必须有效地实现预定的功能。

（2）必须与操作者身体成适当比例，使操作者发挥最大效益。

（3）必须按作业者的力度和作业能力设计（如考虑性别、身体素质等）。

（4）手腕必须保持顺直状态。

（5）避免静肌负荷、掌部承受过大压力、手指重复动作。

3.把手设计

（1）把手的直径取决于工具的用途与手的尺寸。比较合适的直径是：着力抓握30～40mm，精确抓握8～16mm。

（2）把手的长度取决于手掌的宽度，一般取100～125mm较合适。

（3）把手形状指把手的截面形状，一般应根据作业性质考虑。

（4）把手采用适当的弯角时，一般以10°为佳。

（5）双把手工具的主要设计因素是抓握空间。当抓握空间宽度为50～100mm时，抓力最大（如图1-100所示）。

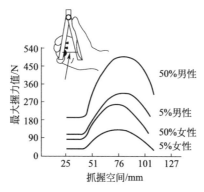

图1-100　手的抓握分析

从人机工程学的角度设计一款办公椅和手握式工具。

第二章 常用的产品设计材料及加工工艺

设计是人类为了自身的生存和发展而进行的一种造物活动，这种造物活动离不开材料，材料是人类活动的基本物质条件。一种崭新技术的实现，往往需要崭新材料的支持，产品设计的进步史，也是材料的发展史。从木材、陶瓷到金属、玻璃和塑料，材料的不断创新实现着人们对于产品的种种梦想。只有灵活地利用各种材料的性能和表面特征，合理地选择材料的加工工艺，才能设计出功能好、性能高、款式新颖的产品。本章将主要介绍在产品设计中常用的五大材料即金属、塑料、木材、陶瓷及玻璃的特性和相应的加工工艺。

第一节 金属材料及其加工工艺

任务描述

金属材料以其优良的力学性能、加工性能及独特的表面质感在产品设计中扮演着重要的角色。本任务主要介绍金属材料的性能，常用的加工工艺以及在产品设计中的应用。

学习目标

1. 熟悉金属材料的特征和工艺；
2. 了解金属材料的分类和常用的金属材料；
3. 能够结合所学知识对现有金属产品或金属部件的材料和工艺进行分析。

基础知识

一、金属材料的固有特性

金属材料是指以金属元素或以金属元素为主要组成部分并具有金属特性的材料，是纯金属及其合金的总称。金属的特性表现在以下几个方面：

（1）具有良好的导电和导热性能（如图2-1所示）；

（2）具有特久的颜色、良好的反射能力、不透明性及金属光泽（如图2-2所示）；

（3）具有良好的力学性能（如图2-3所示）；

（4）具有良好的延展性，易于加工成型（如图2-4所示）；

（5）表面工艺性能优良，可以进行各种装饰工艺以获得理想的表面质感（如图2-5所示）；

（6）除了少数贵金属外，几乎所有金属的化学性能都较为活泼，易被氧化而生锈，产生腐蚀。

图2-1 阿莱西水壶

图2-2 VERTU手机

二、金属成型加工工艺

金属自诞生之初，因为其优良的性能及易加工性而受到设计师的青睐，被广泛应用于工业产品造型设计中，因此了解金属材料的工艺特性是设计师快速并可靠地实现设计构思的一个重要途径。金属材料的成型加工工艺包括铸造成型、塑性加工成型、切削加工成型、焊接成型等。

图2-3 鸟巢建筑

1.铸造

铸造是将熔融状态金属浇入铸型后，冷却凝固成为具有一定形状铸件的工艺方法。铸造是生产金属零件毛坯的主要工艺方法之一，与其他工艺方法相比，铸造成型生产成本低，工艺灵活性大，适应性强，适合生产不同材料、形状和重量的铸件，并适合于批量生产。但缺点是公差较大，容易产生内部缺陷。

铸造按铸型所用材料及浇注方式不同分为：砂型铸造、熔模铸造、金属型铸造、压力铸造和离心铸造等。

（1）砂型铸造 砂型铸造俗称翻砂，是用砂粒制造铸型进行铸造的方法。图2-6为砂型铸造的基本工艺过程，主要工序有：制造铸模，制造砂铸型（即砂型），浇

图2-4 银锁

图2-5 阳极氧化处理的水壶

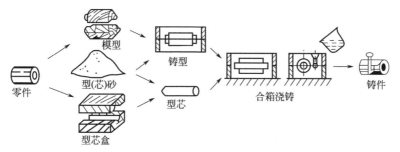

零件　模型　型(芯)砂　型芯盒　铸型　型芯　合箱浇铸　铸件

图2-6 砂型铸造的基本工艺过程

注金属液，落砂，清理等。砂型铸造适应性强，几乎不受铸件形状、尺寸、重量及所用金属种类的限制，工艺设备简单，成本低。

（2）熔模铸造　熔模铸造又称失蜡铸造，为精密铸造方法之一，其工艺流程（图2-7）如下。

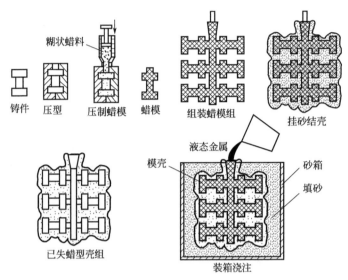

图2-7　熔模铸造工艺流程

① 制造蜡模　蜡模材料常用50%石蜡和50%硬脂酸配制而成。为提高生产率，常把数个蜡模熔焊在蜡棒上，成为蜡模组。

② 制造型壳　在蜡模组表面浸挂一层以水玻璃和石英粉配制的涂料，然后在上面撒一层较细的硅砂，并放入固化剂（如氯化铵水溶液等）中硬化，反复多次使蜡模组外面形成由多层耐火材料组成的坚硬型壳（一般为4～10层），型壳的总厚度为5～7mm。

③ 熔化蜡模（脱蜡）　通常将带有蜡模组的型壳放在80～90℃的热水中，使蜡料熔化后从浇铸系统中流出。

④ 型壳的焙烧　把脱蜡后的型壳放入加热炉中，加热到800～950℃，保温0.5～2h，烧去型壳内的残蜡和水分并使型壳强度进一步提高。

⑤ 浇注　将型壳从焙烧炉中取出后，周围堆放干砂，加固型壳，然后趁热（600～700℃）浇入合金液并凝固冷却。

⑥ 脱壳和清理　用人工或机械方法去掉型壳、切除浇冒口，清理后即得铸件。

熔模铸造特点：铸件尺寸精确、表面光洁、无分型面所以不必再加工或少加工；熔模铸造工序较多，生产周期较长；受型壳强度限制，铸件质量一般不超过25kg；适用于多种金属及合金的中小型、薄壁、复杂铸件的生产。

（3）金属型铸造　用金属材料制作铸型进行铸造的方法，又称永久铸造或硬型铸造。铸型常用铸铁、铸钢等材料制成，可反复使用，直至损耗。

优点：铸件的表面光洁度和尺寸精度均优于砂型铸件，且铸件的组织结构致密、力学性能较高；适用于生产形状简单的中小型有色金属铸件和铸铁铸件的大批量生产。

（4）压力铸造（压铸）　在压铸机上，用压射活塞以较高的压力和速度将压室内的金属液压射到铸腔中，并在压力作用下使金属液迅速凝固成铸件的铸造方法。

优点：铸件尺寸精确、表面光洁、组织致密、生产效率高；适合生产小型、薄壁的复杂铸件，并能使铸件表面获得清晰的花纹、图案及文字等。

（5）离心铸造　将液态金属浇入沿垂直轴或水平轴旋转的铸型中，在离心力作用下金属液附着于铸型内壁，经冷却凝固成为铸件的铸造方法，主要用来生产一些套筒、管类铸件。

2.金属的塑性加工（金属的压力加工）

是指在外力作用下，金属坯料发生塑性变形，从而获得具有一定形状、尺寸和机械性能的毛坯或零件的加工方法。

与铸造成型相比，塑性加工具有以下优点。

（1）能有效改善金属的组织、提高力学性能；

（2）材料的利用率高。塑性成形主要是靠金属的体积重新分配，而不需要切除金属，因而材料利用率高；

（3）较高的生产率。塑性成形加工一般是利用压力机和模具进行成形加工的，因此生产效率高；

（4）毛坯或零件的精度较高。应用先进的技术和设备，可实现少切削或无切削加工。例如，精密锻造的伞齿轮齿形部分可不经切削加工直接使用，复杂曲面形状的叶片精密锻造后只需磨削便可达到所需精度。

缺点：不能加工脆性材料（如铸铁）和形状特别复杂（特别是内腔形状复杂）或体积特别大的零件或毛坯。

金属的塑性加工按加工方式分为锻造、轧制、挤压、拔制和冲压加工。如图2-8所示是河南工艺美术大师、洛阳锻铜浮雕肖像艺术家王书品在一块黄铜板上用了10天的时间，经手工精心打造出来的。雕像高45cm，宽35cm，它是王书品的"六十幅世界名人雕像工程"之一，2006年10月被当作国礼送给了刚刚结束在中国访问的法国总统希拉克。

图2-8　锻铜肖像

3.切削加工

又称冷加工，利用切削刀具在切削机床上将金属工件的多余部分切除，以达到规定的形状、尺寸和表面质量的工艺过程。按加工方式分为车削、铣削、刨削、磨削、钻削、镗削及钳工等，是最常见的金属加工方法。

4.焊接加工

焊接加工是充分利用金属材料在高温作用下易熔化的特性，使金属与金属发生相互连接的一种工艺，是金属加工的一种辅助手段。

三、常用的金属材料及其应用实例

金属材料按照构成元素分为黑色金属材料和有色金属材料两大类。黑色金属材料包括铁和以铁为基的合金，如纯铁，碳钢、合金钢等，简称钢铁材料。钢铁材料资源丰富、生产效率高、力学性能优良,在应用上最为广泛。

有色金属包括钢铁以外的金属及其合金,常用的有金、银、铝及铝合金、铜及铜合金、钛及钛合金等。下面就针对几种常用的金属材料及其在设计中的应用进行介绍。

1.钢铁材料

钢铁是铁与碳、硅、锰、磷、硫以及少量的其他元素所组成的合金。其中除铁元素外,碳的含量对钢铁的机械性能起着主要作用,故又称为铁碳合金。钢铁材料的强度和硬度随着含碳量的增加而提高,而塑性和韧性却随之降低,使钢铁变脆且难以加工。

根据含碳量的不同,钢铁材料分为纯铁、铸铁和钢三大类。

(1)纯铁 纯铁是指含碳量不超过0.02%的铁碳合金,是一种重要的软磁材料,也是制造其他磁性合金的原材料。由于纯铁的强度不高并且活性太强,所以很少用作日用产品的材料。

(2)铸铁 铸铁是指含碳量在2.11%~4%的铁碳铸造合金,其熔点低、具有良好的铸造性能、切削性能。铸铁的减震性及耐磨性好、生产工艺简单,成本低廉。由于铸铁成型表面为粗加工,工件质硬,在肌理上较粗糙、反光较暗淡,故在心理上给人以凝重、坚固、粗犷的质感效果(如图2-9、图2-10所示)。因此被大量地用作具有复杂结构和形状的零部件如各种机床的床身、床脚、箱体、家具以及一些机电产品中主要承受压力的壳体、箱体、基座等工业产品的材料。

(3)钢 钢是以铁为主要元素,含碳量在0.02%~2.11%的铁碳合金。钢的种类繁多,为了便于生产、使用、管理,可按以下几种方法分类:根据用途可分为结构钢、工具钢和特殊性能钢三大类;根据钢材中有害杂质磷、硫的含量可分为普通钢、优质钢、高级优质钢;根据化学成分可分为碳素钢和合金钢两大类。

碳素钢又称碳钢,是最常用的普通钢,冶炼方便、加工容易、价格低廉,应用较为广泛。按含碳量不同,碳钢又分为低碳钢、中碳钢和高碳钢。随着含碳量的升高,碳钢的硬度会增加,而韧性会降低。

合金钢又称特种钢,是以碳钢为基础加入一种或多种合金元素,从而使其具有一些特殊性能,如高硬度、高韧性、耐磨性、耐腐蚀性等。

不锈钢是目前日常生产生活中常用的一类合金钢材料,优良的力学性能、精美的外观及表面的自然金属光泽使其成为产品设计的优良选材之一。不锈钢的耐蚀性取决于钢中所含的元素。铬是使不锈钢获得耐蚀性的基本元素,当铬在钢中达到一定含量后,铬会与腐蚀介质中的氧作用,在钢表面形成一层很薄的氧化膜,由此可阻止钢的基体进一步腐蚀。除铬外,还会加入镍、钼、钛、铜、氮等元素,以使其具有更好的耐蚀性、工艺性及机械性能等。如图2-11所示为菲利普·斯塔克1990年为意大利家用品品牌Alessi设计的一款不锈钢榨汁机,这是他简约主义风格最集中、最经典、最彻

图2-9 巴黎地铁入口

图2-10 荷兰BK皇家元宝
铸铁锅

底、最完美的体现。

2.铝及铝合金

铝是轻金属中用量最大的一种，其产量和消费量仅次于钢铁，是第二大金属。铝合金密度低，但强度却比较高，塑性好，可加工成各种型材，具有优良的导电性、导热性和抗蚀性，因此在很多领域都有广泛使用。

纯铝的导电性仅次于银、铜和金。因铝能被氧所氧化，故在空气中铝表面能形成致密的氧化膜。该氧化膜能保护铝，使之具有良好的耐大气腐蚀能力，但不耐酸、碱、盐的腐蚀。由于纯铝的强度太低，故主要用于制作电线、电缆和器皿。

铝合金是以铝为基体加入其他合金元素而组成的合金。铝合金质轻、强度高，具有优良的导电、导热性和抗蚀性，易加工、耐冲压而且阳极可氧化成各种颜色。

目前铝及铝合金已被广泛应用在工具、轻便用器、体育设备等方面。如图2-12所示的摩托罗拉RAZR V3，是一款具有里程碑意义的手机产品。它采用了经典的"刀锋"设计，机身厚度只有13.9mm，是当时最薄的翻盖手机。而其超薄设计并经久耐用的特性与航空级铝合金机身材质有着密不可分的关系。

由于铝合金具有坚硬美观、轻巧耐用的优点，也是制造飞机的理想材料；铝合金在汽车领域的应用也越来越普遍。如图2-13所示的法拉利612 Scaglietti，是法拉利第一款以全铝材料制造的12缸车型，其车身及车架均采用了铝合金制作。使用铝合金材料可以降低车的重量，从而能有效减少耗油量、缩短刹车时的制动距离；对于起步时加速性能、车辆控制稳定性、碰撞安全性等都大有裨益。

3.铜及铜合金

铜及铜合金和人类的生活密切相关，铜是人类祖先最早应用的金属。纯铜呈紫红色，又称紫铜，具有优良的导电性、导热性、延展性和耐蚀性，但其强度不够，因此主要用于电气、电子工业如各种电线、电缆、电机和变压器的绕阻制作等。当然因为其良好的性能铜也会被加工成其他各类产品，如餐具、雕塑、工艺品等。

铜合金是以纯铜为基体加入一种或几种其他元素所构成的合金。常用的铜合金分为黄铜、白铜和青铜三大类。黄铜是由铜和锌所组成的合金，具有良好的机械加工性、抗腐蚀性和良好的强度和韧性。常用作导热导电元件、耐蚀结构件、弹性元件、日用品及装饰材料等。如图2-14和图2-15所示是由Tom Dixon以黄铜设计的灯具和家

图2-11　榨汁机

图2-12　摩托罗拉RAZR V3

图2-13　法拉利612 Scaglietti

图2-14　灯具

图2-15　Spun系列家具

具：灯具以蚀刻的方式在黄铜板表面做出许多细微的孔洞让光线透过外壳形成富有变化的光影；而拥有圆形桌面和超大弧状边缘的家具是用抛光的黄铜加工而呈现出金光闪闪的效果。白铜是以镍为主要添加元素的铜合金。镍能够为铜带来更好的强度、耐蚀性、硬度、电阻和热电性，并且可以降低电阻率温度系数，被广泛使用于电气、仪表、造船、石油化工、医疗器械、日用品、工艺品等领域。青铜原指铜锡合金，后来随着发展将除黄铜、白铜以外的铜合金均称为青铜。

思考题

1.什么是黑色金属和有色金属？
2.金属具有哪些特性？举例说明。
3.金属常用的加工工艺有哪些？
4.熔模铸造的特点有哪些？

第二节　塑料及其加工工艺

任务描述

本任务主要介绍塑料材料及其常用的加工工艺技术的相关知识，包括塑料的概念、分类、特性、成型工艺等。

学习目标

1.了解塑料的概念和分类；
2.掌握塑料的特性及常用的加工工艺；
3.能够结合所学知识在设计中对塑料材料进行合理的选择和发挥，并从工艺方面全面考虑问题。

基础知识

塑料是一类以天然或合成树脂为主要成分，在一定温度、压力下可塑制成型，并在常温下能保持其形状不变的材料。早在19世纪以前，人们就已经利用沥青、松香、琥珀、虫胶等天然树脂制作产品。1868年人们开始将天然纤维素硝化，用樟脑做增塑剂制成第一个塑料品种——赛璐珞，从此开始了人类使用塑料的历史。1909年第一种人工合成树脂——酚醛树脂在美国诞生，并实现了工业化生产，从此拉开了塑料工业发展的序幕。工程塑料的发展历史则较短，最早出现的工程塑料是尼龙66，它是由美国杜邦公司于1934年发明的，1937年发明了尼龙6，1938年投入工业化生产。工程塑料真正得到迅速发展是在20世纪50年代后期聚甲醛和聚碳酸酯研制成功后。聚甲醛的出现首次使塑料能代替金属材料而跻身于结构材料的行列。

近年来，塑料作为一种具有多种特性的实用材料，在世界各国获得迅速的发展，因此设计人员需熟练掌握塑料的性能和用途以适应塑料的发展趋势。

一、塑料的组成

塑料主要是由合成树脂和各种添加剂组成。其中合成树脂是塑料的主要成分（40%～100%），对塑料的性能起着决定性的作用，故绝大多数塑料以所使用树脂的名称命名，如由聚氯乙烯树脂形成的塑料则称聚氯乙烯；添加剂是为改善塑料的使用性能或成型工艺性能而加入的其他物质，常用的添加剂有填充剂、增塑剂、稳定剂、润滑剂、着色剂等。

二、塑料的分类

塑料种类繁多，性质和用途也各有特色。常用的分类方法可按照用途和热性能进行划分。

1. 按用途划分

按用途划分可将塑料分为通用塑料和工程塑料两种。通用塑料是指使用广泛、用途多、产量大且价格低廉的一类塑料，占塑料总量的75%以上。主要包括聚乙烯（PE）、聚丙烯（PP）、聚氯乙烯（PVC）、聚苯乙烯（PS）、酚醛塑料（PF）和氨基塑料（AF）等。

工程塑料是指在工程技术中作结构材料的塑料。这类塑料机械强度好，具有较高的力学性能，能承受大载荷，具有较好的热性能、电性能和尺寸稳定性。其强度、硬度、塑性、韧性、耐热性、耐蚀性都高于通用塑料。主要包括ABS、聚甲醛（POM）、聚酰胺（PA）、聚碳酸酯（PC）、有机玻璃、氟塑料等。

2. 按热性能划分

按树脂的热性能分类可将塑料分为热塑性塑料和热固性塑料两种。

（1）热塑性塑料　是指在特定温度范围内受热会软化、熔融，冷却时会凝固、变硬，可以反复加工且性能也不会发生显著变化的塑料，废品可回收利用。常见的热塑性塑料有聚乙烯、聚丙烯、聚氯乙烯、聚苯乙烯、ABS、聚甲醛、聚酰胺、聚碳酸酯等。

（2）热固性塑料　是指在一定温度压力下或在固化剂、紫外光等条件下固化成型后，再加热时不再软化、熔融的塑料。因此热固性塑料只能一次成型，废品不能再回收利用。热固性塑料固化后不再具有可塑性，但其刚度大，硬度高，尺寸稳定，具有较高的耐热性。常见的热固性塑料有酚醛塑料、环氧塑料、氨基塑料等。

三、塑料的特性

塑料种类繁多，不同品种规格的塑料具有不同的性能，但与其他材料相比具有以下的一些基本特性：

1. 质量轻，比强度高

塑料的密度约为钢的1/6，铝的1/2。但其比强度（强度与密度的比值）较高。日常生活中塑料特别适合制造轻巧的日用品和家用电器零件，如图2-16～图2-18所示为生活中常见的塑料用品，它们都具有质轻且强度高的特点。

图2-16　灯具

图2-17　潘顿椅

图2-18　咖啡机

2.具有透明性，并富有光泽，能着鲜艳色彩

大多数塑料可制成透明或半透明制品，可以任意着色，且着色坚固，不易变色（如图2-19所示）。

图2-19　海月水母灯（Qis Design）

3.优异的电绝缘性

几乎所有的塑料都具有优越的电绝缘性、极小的介质损耗以及优良的耐电弧特性。因此被广泛地用来制造电绝缘材料，在电器、电机、无线电和电子工业上具有独特的意义。

4.优良的化学稳定性

多数塑料对一般浓度的酸、碱、盐等化学药物具有良好的抗腐蚀性能，其中最突出的是被称为"塑料王"的聚四氟乙烯，连"王水"也不能将其腐蚀，是一种优良的防腐蚀材料。

5.优良的耐磨性、减摩性和自润滑性

塑料的硬度远比金属低，但塑料的耐磨性能却远远优于金属。因此用塑料制成的传动摩擦零件，可以减少噪声、降低震动、提高运转速度。例如采用塑料制作齿轮，可提高其运转稳定性，并能减少噪声，改善劳动环境。

6.塑料成型方便，可大批量加工生产

塑料成型方便，易制作形状复杂的零件，因而产品的造型设计不受约束，可以比较自

由地表达设计师构思的艺术形象。

塑料与金属及其他工业材料相比较具有以下缺点：

（1）塑料不耐高温，低温容易发脆。

（2）塑料制品容易变形 温度变化时尺寸稳定性较差，成型收缩较大，即使在常温负荷下也容易变形。

（3）塑料有"老化"现象 受周围环境如氧气、光、热、辐射、湿气、雨雪、工业腐蚀气体、溶剂和微生物等的作用后，塑料的色泽会发生改变，化学构造受到破坏，机械性能下降，变得硬脆或软黏而无法使用的现象被称为塑料的"老化"，它是塑料制品性能中的一个严重缺陷。

目前防止塑料"老化"的措施主要有以下三种：

① 对塑料进行结构改性，提高其稳定性；

② 添加防老化剂，以抑制老化过程（加入水杨酸酯、二甲苯酮类有机化合物和炭黑）；

③ 表面处理：在塑料表面镀金属（银、铜、镍等）和喷涂耐老化涂料（如漆、石蜡等）作为保护层，使材料与光、空气、水分及其他引起老化的介质隔离，以防止老化。

四、塑料的成型加工工艺

塑料的成型是将不同形态（粉状、粒状、溶液或分散体）的塑料原料按不同方式制成所需形状的坯件，是塑料制品生产的关键环节。塑料的成型工艺有多种：注射成型、挤出成型、压制成型、吹塑成型、压延成型、热成型、缠绕成型、喷射成型、浇注成型、发泡成型等，在此着重介绍前四种成型方式。

1.注射成型

注射成型又称注塑，是热塑性塑料的主要成型方法之一，也可用于部分热固性塑料的成型。其成型过程是将塑料原料先在加热料筒中均匀塑化，而后由柱塞或螺杆推挤到闭合模具的模腔中成型的一种方法。这种成型方法是一种间歇式的操作过程，可生产结构复杂的制品，其成型制品占目前全部塑料制品的20% ~ 30%，是塑料成型加工中重要方法之一，图2-20为注射成型原理图。

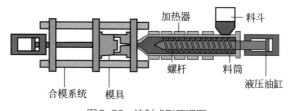

料斗

加热器

螺杆 料筒 液压油缸

合模系统 模具

图2-20 注射成型原理图

注射成型工艺的优点：能成型形状复杂、尺寸精确或带嵌件的制品；易于实现自动化生产；生产周期短、生产效率高；成型塑料品种多。但是由于用于注塑成型的模具价格是所有成型方法中最高的，所以小批量生产时经济性差。

在产品设计中，注射成型工艺被广泛应用，如厨房用品、日常用品、椅子、电器设备的外壳、汽车工业的各种产品等（如图2-21 ~ 图2-24所示）。

图2-21 苍蝇拍　图2-22 生态　　图2-23 相机内部　　图2-24 MYTO悬臂椅
　　　　　　　　垃圾桶　　　　　　零件

2. 挤出成型

挤出成型也称挤出模塑或挤塑，它是借助螺杆和柱塞的挤压作用，使受热熔化的物料强行通过模口而成为具有恒定截面的连续型材的一种成型方法。图2-25为挤出成型原理示意图。

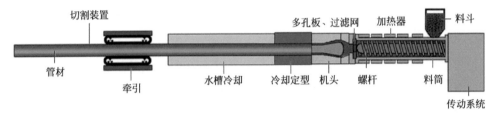

图2-25　挤出成型原理示意图

挤出成型工艺的优点：设备成本低；占地面积小、生产环境清洁、劳动条件好；操作简单、工艺过程容易控制；便于实现连续自动化生产、生产效率高；产品质量均匀、致密；通过改变机头口模可成型各种断面形状的产品或半成品。

挤出法主要用于热塑性塑料的成型，也可用于某些热固性塑料。挤出的制品都是连续的型材，如管、棒、丝、板、薄膜、电线电缆包覆层等。

3. 压制成型

压制成型主要用于热固性塑料的成型，是将粉状、粒状或纤维状等塑料放入加热的模具型腔中，闭模加热使其熔化，并在压力的作用下使物料充满模腔，形成与模腔形状一样的模制品，再经加热或冷却，脱模后即得制品。根据成型物料的性状和加工设备及工艺的特点，分为模压成型和层压成型两种。

4. 吹塑成型

吹塑成型是将从挤出机挤出的熔融热塑性原料夹入模具，然后向原料内吹入空气，熔融的原料在空气压力的作用下膨胀，向模具型腔壁面贴合，最后冷却固化成为所需产品形状的方法。吹塑成型分为薄膜吹塑和中空吹塑两种，主要用于制造塑料薄膜、中空塑料制品如瓶子、包装桶、喷壶、玩具等。

五、塑料制件的结构设计

塑料产品的设计是一个复杂的过程，塑料产品的结构与形态特征的设计都必须充分考虑塑料的性能、工艺特点、产品使用功能等要求。塑料件的结构要素包括壁厚、脱模斜度、加强筋、孔、圆角、支撑面、金属嵌件、螺纹等，以下就其中几项做简要介绍。

1.壁厚

壁厚是塑料制件结构设计的基本要素。壁厚的设计一方面要考虑壁厚的大小，另一方面则要遵循壁厚均一的设计原则。壁厚的最小尺寸应满足以下几方面要求：具有足够的强度和刚度；脱模时能经受脱模机构的冲击与振动；装配时能承受紧箍力。塑料制件规定有最小壁厚值，它随塑料品种和制品大小不同而异（如表2-1所示）。但是如果壁厚过大，不仅会造成原料的浪费，而且会给工艺带来一定困难如增加成型时间，在成型过程中产生气泡、缩孔、翘曲等缺陷。

表2-1 塑料制品的最小壁厚及常用壁厚推荐值 单位：mm

塑 料	最小壁厚	小型制品壁厚	中型制品壁厚	大型制品壁厚
尼龙（PA）	0.45	0.76	1.50	2.40 ～ 3.20
聚乙烯（PE）	0.60	1.25	1.60	2.40 ～ 3.20
聚苯乙烯（PS）	0.75	1.25	1.60	3.20 ～ 5.40
有机玻璃（PMMA）	0.80	1.50	2.20	4.00 ～ 6.50
聚丙烯（PP）	0.85	1.45	1.75	2.40 ～ 3.20
聚碳酸酯（PC）	0.95	1.80	2.30	3.00 ～ 4.50
聚甲醛（POM）	0.45	1.40	1.60	2.40 ～ 3.20
聚砜（PSU）	0.95	1.80	2.30	3.00 ～ 4.50
ABS	0.80	1.50	2.20	2.40 ～ 3.20
PC+ABS	0.75	1.50	2.20	2.40 ～ 3.20

2.脱模斜度

由于塑料制件在成型后的冷却过程中会产生收缩，使其紧箍在模具或型芯上。为了方便脱模，防止因脱模力过大而使塑料制件受损，与脱模方向平行的塑料制件内外表面都应具有合理的斜度，即脱模斜度。在设计脱模斜度时应注意：制品收缩率大、形状复杂、刚性大、较脆时，应取较大的斜度值；尺寸较大、精度要求高时，宜取较小值。

3.加强筋

加强筋的主要作用是增加制品强度和避免制品变形翘曲。适当地利用加强筋能够节省材料、减轻重量，消除厚横截面易产生缩孔、凹痕等成型的缺陷（如图2-26）。

4.孔

塑料制件上设计的孔主要用于装配、散热和通风。常见的孔有通孔、盲孔、螺纹孔等。在设计孔时应注意孔的位置和形状，孔的位置应设置在不易削弱塑件强度的地方，在孔与孔之间、孔与边壁之间均应留有足够距离。孔与边缘的距离应大于孔径，且孔的大小与材料、成型工艺及孔

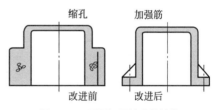

图2-26 采用加强筋改善结构

的深度有关。

5. 圆角

塑料制件除了使用上要求采用尖角之外，其余所有转角处均应尽可能采用圆角过渡。圆角可避免应力集中从而提高制件的强度；圆角也有利于树脂的流动、防止乱流、提高成型性，易于充模和脱模。在设计制件圆角时应注意保持壁厚的一致，采用内、外圆角半径分别为0.5倍壁厚和1.5倍壁厚能保证壁厚的一致。

6. 支撑面

以塑料制件的整个底面做支撑是不合理的，因为塑料制件稍微翘曲或变形就会使底面不平，因此常以凸出的底脚（三点或四点）或凸边来做支撑面。

六、产品设计中塑料材料应用实例

第二次世界大战后塑料在世界各国获得迅速发展，主要原因在于塑料性能优良、加工成型方便、色彩丰富、性价比高，具有装饰性和现代质感。

1. 趣味书架

图2-27所示为设计师Michaël Bihain设计的滚动书架Patatras。该书架由聚丙烯材料制成，直径为122cm。它最大的特点是告别了以往书架固定不动的模式，而采用了可以滚动的设计。你可以把它移动到家里的任何地方，这样就不用固定在书房或者某一地点看书了；你也可以将它们组合在一起，形成一个壮观的书架墙。

2. 花舞桌面灯

图2-28所示为中国台湾品牌QisDesign所设计的一盏如花绽放的LED情境灯饰，圆弧的波浪造型，宛如弗拉明戈舞者的荷叶边裙，在每一次转动中，盛开成美丽的花朵。

此设计采用上下两层聚甲基丙烯酸甲酯（亚克力），中间以圆筒形式整合LED灯。精致的透明塑料材质，质优轻薄、典雅纯澈。作为家中托盘装饰或灯饰，独特材质传达内心浓烈的情感。材料的导光效果，加上本身的亮泽，使其不单有晶莹感，更有材料的极致运用之美。

图2-27　趣味创意——滚动的书架　　　　　图2-28　花舞桌面灯

3.3D 错觉台灯

如图2-29所示的台灯是一款没有灯泡的台灯：亚克力台灯。Cheha工作室的灵感来源于对有机玻璃也就是亚克力的了解，利用其超强光导能力优于玻璃及其他塑料品种而设计的。它是一款非常挑战大脑和眼睛的LED错觉台灯，看似是个立体图案，实际上是一块厚度仅有5mm的有机玻璃。灯罩通过模仿三维建模的线框显示方式，把结构线雕刻到可以传导光线的有机板上。

图2-29　3D错觉台灯

图2-30　Ghost Chair

图2-31　Vegetal Chair

4.Ghost Chair

图2-30所示的魂椅是荷兰设计组合Drift以鬼魂为主题设计的座椅系列：以晶莹剔透的有机玻璃手工制作，内嵌着由激光技术创造出的"鬼魂"物体。如果是在灯光微弱的情况下，绝对会被认为是"着魔"的景象。设计师Ralph Nauta和Lonneke Gordijn表示，每一把椅子内的"鬼魂"都是不同的，而且客户也能够通过与设计师的协商，定制椅子中的内在"魂魄"。该系列椅子很好地利用了有机玻璃透明性好的特点，将该创意逼真地呈现出来。

5.Vegetal Chair

图2-31所示的Vegetal Chair是用纤维强化的PA（polyamide）制作的塑料椅，扁平的叶脉延伸交织成不规则圆形座位，加强的肋条延伸至椅腿，从背后看，就像一片树叶。如名字喻示的那样，这条椅子有如同植物一样生长的几何结构。生长这个概念不仅是形态的表达，同时也体现在制造工艺上，即使用注射成型，让液态塑料如同植物的汁液一样从根部流到茎、叶脉再流回根部。因为几何、人机、材料和工艺可实现等问题的复杂性，设计师从设计到实现这条椅子用了4年时间。

思考题

1.塑料的特性有哪些？
2.热塑性塑料和热固性塑料有什么区别？
3.请比较PE和PVC两种塑料，并对其市场应用进行调查。
4.试列举出塑料常用的成型工艺并说明其成型产品特点。

第三节　木材及其加工工艺

任务描述

　　本小节主要介绍木材及其加工工艺技术的相关知识，包括木材的概述、木材的特性、木材的加工工艺及在设计中的应用。

学习目标

　　1.了解树干的组成及三个切面的特点；
　　2.熟悉木材的特性及常用加工工艺；
　　3.了解常用木材的品种、特性并能够在今后的设计应用中正确、合理地选用木材。

基础知识

　　木材是一种传统的、天然的材料，自古以来就被用来制作家具和生活器具。其自然、朴素的特征令人产生亲切感，被认为是最富有人性特点的材料。在人类社会提倡可持续发展的今天，木材以其特有的固碳、可再生、可自然降解、比强度高并能调节室内环境等优良特性而受到设计师的青睐。

一、木材概述

　　木材是由树木采伐后经初步加工而得到的，树干是木材的主要部分，由树皮、形成层、木质部和髓心四部分组成。其中木质部是树干的主要部分，也是木材的主要来源。

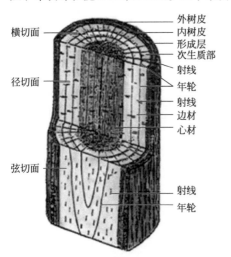

横切面
外树皮
内树皮
形成层
次生质部
射线
径切面
年轮
射线
边材
心材
弦切面
射线
年轮

图2-32　木材的三切面

1.木材的三切面

　　从不同的方向锯解木材，可以得到无数的切面。从横切面、弦切面和径切面（图2-32）三个典型的切面来观察分析，可以看出木材的构造，从而对木材加以认识和合理利用。

　　（1）横切面（横断面）　垂直于树木生长方向锯开的切面。木材在横切面上硬度大，耐磨损，但易折断，难刨削，加工后不易获得光洁的表面。

　　（2）径切面　沿树木生长方向，通过髓心并与年轮垂直锯开的切面。在径切面上木材纹理成条状且相互平行。径切板材收缩小，不易翘曲、木材挺直牢度较好。

　　（3）弦切面　沿树木生长方向但不通过髓

心锯开的切面称弦切面。在弦切面上形成山峰状或"V"形木纹纹理，花纹美观但易翘曲变形。

图2-33 红松

2.木材的特性

（1）质轻，比强度较高 木材由疏松多孔的纤维素和木质素构成。它的密度因树种不同，一般在300～800kg/m³之间，比金属、玻璃等材料的密度小得多，因而质轻而坚韧、比强度高，是有效的结构材料，但其抗压、抗弯强度差。

（2）具有天然的色泽和美丽的花纹 不同树种的木材或同种木材的不同材区，都具有不同的天然悦目的色泽和纹理。如图2-33所示红松的心材呈淡玫瑰色，边材呈黄白色；而图2-34所示的杉木的心材呈深红褐色，边材呈淡黄色。同时由于年轮和木纹方向的不同还可以形成各种粗、细、直、曲形状的纹理，经旋切、刨切等多种方法还能截取或胶拼成种类繁多的花纹。

图2-34 杉木

（3）对热、电具有良好的绝缘性 木材的热导率低，可做保温材料，电导率小，可做绝缘材料，但随着含水率增大，其绝缘性能降低。如图2-35所示用木材建造的房屋具有冬暖夏凉的效果。

（4）隔声吸音性 由于木材是一种多孔性材料，因此具有良好的隔声吸音功能。

（5）易加工和涂饰 木材易锯、易刨、易切、易打孔、易组合加工成型。由于木材的管状细胞吸湿受潮，故对涂料的附着力强，易于着色和涂饰。

图2-35 木材建造的房屋

（6）易变形，易燃 木材干缩湿胀性容易引起构件尺寸及形状变异和强度变化，从而容易发生开裂、扭曲、翘曲等问题。木材的着火点低，容易燃烧。

（7）具有天然缺陷，容易腐朽和虫蛀 在树木生长期间由于外力或温度变化的影响，使树木形成节子，会有裂纹、弯曲、虫害等缺陷。

（8）各向异性 木材是具有各向异性的材料，在各个方向上性能不同。如在同一段木材上，端面上的硬度最大，弦切面上次之，径切面上最小。

二、木制品的加工工艺

1.木材常用的成型加工工艺过程

将木材原材料通过木工手工工具或木工机械设备加工成构件，并将其组装成制品，再经过表面处理、涂饰、最后形成一件完整的木制品的技术过程，称为木材的成型加工工艺过程。

2.配料

一件木制品是由若干构件组成的，这些构件的规格尺寸和用料通常要求是不同的。按照图纸规定的尺寸和质量要求，将成材或人造板材锯割成各种规格毛料（或净料）的加工过程称为配料，这是木制品加工的第一道工序。

3.构件的加工

经过配料后，再对毛料进行平面加工、开榫、打孔等，并加工出具有所需要的形状、尺寸、结构和表面粗糙度的木制品构件。

4.装配

按照木制品结构装配图以及有关的技术要求，将若干构件组合成部件，或将若干部件和构件结合成木制品的过程称为装配。木制品的构件间的结合方式，常见的有榫接合、胶结合、螺钉结合、圆钉结合、金属或硬质塑料联接件结合以及混合结合等。

（1）榫接合　榫接合是木制品中应用广泛的传统结合方式，它主要依靠榫头四壁与榫孔相吻合而连接在一起。装配时，应清理榫孔内的残存木渣，榫头和榫孔四壁涂胶层要薄而均匀，装榫头时用力不宜过猛以防挤裂榫眼，必要时可加木楔，以达到配合紧实的效果。

榫接合的优点是：传力明确，构造简单，结构外露，便于检查。根据结合部位的尺寸、位置以及构件在结构中的作用不同，榫头有各种形式，如图2-36所示。各种榫根据木制品结构的需要有明榫和暗榫之分。榫孔的形状和大小，根据榫头而定。

（2）胶结合　胶结合是木制品常用的一种结合方式，主要用于实木板的拼接及榫头和榫孔的胶合。特点是制作简便、结构牢固、外形美观。

装配使用胶黏剂时，要根据操作条件、被黏木材种类、所要求的黏结性能、制品的使用条件等合理选择胶黏剂。操作过程中要掌握涂胶量、晾置和陈放、压紧、操作温度、黏结层的厚度五大要素。

（3）螺钉与圆钉结合　螺钉与圆钉的结合强度取决于木材的硬度和钉的长度，并与木材的纹理有关。木材越硬，钉直径越大，长度越长；沿横纹结合，则强度越大，否则强度越小。操作时要合理确定钉的有效长度，并防止构件劈裂。

（4）板材拼接常用的结合形式　木制品中较宽幅面的板材，一般都是采用实木板拼接成人造板。采用实木板拼接时，为减小拼接后的翘曲变形，应尽可能选用材质相近的板料，用胶黏剂或既用胶黏剂又用榫、槽、销、钉等结构拼接成具有一定强度的较宽幅面板材。

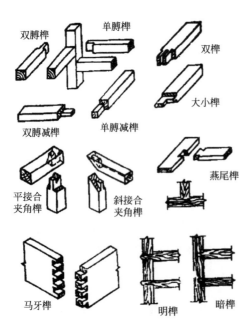

图2-36　不同形式的榫

三、木材的表面处理

为了提高木材制品的表面质量、抗腐能力、增加产品的视觉美感，通常要进行表面处理。木材的表面处理主要包括木材的基础处理和表面装饰两个部分。

对于天然木材而言，由于其本身的天然缺陷，常会出现变色、结疤、虫眼等现象，经过表面处理后可以使其表面平整光滑，增强木质的天然美感、掩盖自然缺陷，并且能够提高木质表面的硬度，增加耐磨性，使其具备防水防潮、防霉防污、保护色泽的功能。

木材的表面处理一般包含木材的基础加工处理及表面被覆处理两部分。

1.木材的基础处理

（1）去毛刺并清除污物　木制品表面经刨光或磨光等加工后，仍有一部分木质纤维没有完全脱离而残留于表面，并且可能存在如胶痕、油迹等污物，它们会影响木制品表面着色的均匀度，使被覆的涂层留下一些未着色的小白点，因此涂层被覆前一定要去除毛刺和污物。一般采用机械或手工砂磨的方式去除毛刺而使表面更光滑，再用棉纱蘸汽油擦洗污物。

（2）清除树脂　大多数针叶树木材中都含有松脂，它们的存在会影响被覆涂层的吸着力和颜色的均匀性并且在气温较高的情况下，松脂会从木材中溢出，造成涂层发黏。清除树脂常用的方法是用有机溶剂如酒精、松节油、汽油、甲苯和丙酮等清洗，也可用碱洗，待表面干净后在清洗部位刷 1～2 道虫胶漆，防止木材内层的松脂继续渗出。

（3）脱色　不少木材含有天然色素，有时需要保留，可起到天然装饰作用。但有时因色调不均匀，带有色斑，或者木制品要涂成浅淡的颜色，或者涂成与原来材质颜色无关的任意色彩时，就需要对木制品表面进行脱色处理。

脱色的方法很多，用漂白剂对木材漂白较为经济并见效快。一般情况下，常在颜色较深的局部表面进行漂白处理，使涂层被覆前木材表面颜色取得一致，常用的漂白剂有：双氧水、次氯化钠和过氧化钠。

（4）染色　脱色处理之后一般要进行染色处理以得到纹理优美、颜色均匀的木质表面。木材的染色一般可分为水色染色和酒色染色两种。

2.木材表面装饰

木材的表面装饰方法主要有涂饰、覆贴、化学镀等。

涂饰是用涂敷这一方法把涂料涂覆到产品或物体的表面上，并通过产生物理或化学的变化，使涂料的被覆层转变为具有一定附着力和机械强度的涂膜，从而使产品能得到预期的保护和装饰效果以及某些特殊的效能。根据基材纹理显示程度不同，涂饰可分为透明涂饰、半透明涂饰和不透明涂饰三类。

覆贴就是将面饰材料通过胶黏剂粘贴在木制品表面而成为一体的一种装饰方法。常用的覆贴材料有 PVC 膜、人造革、木纹纸、薄木等。通过覆贴可以增加外观装饰效果，满足消费者的使用要求和审美要求。

化学镀是指在没有外加电流的条件下，利用处于同一溶液中的金属盐和还原剂可在具有催化活性的基体表面上进行自催化氧化还原反应的原理，在基体表面形成金属或合金镀层的一种表面处理技术，亦称为不通电镀或自催化镀。木材化学镀主要是镀铜或金，它不仅能够使木材具备电磁屏蔽性能，而且由于铜和金的镀膜色泽，能够显示木制品华丽的装饰性，增加木制品的附加值。

四、人造板材

人造板材是利用原木、刨花、木屑、小材、废材以及其他植物纤维等为原料，经过机械或化学处理制成的。人造板材的优点在于幅面大、质地均匀、表面平整光滑、变形小、美观耐用、易于加工并有效地提高了木材的利用率等。如今人造板材被大量用于各类产品

图2-37　胶合板

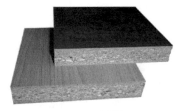

图2-38　刨花板

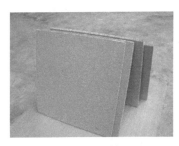

图2-39　纤维板

图2-40　细木工板

的生产制造，其种类很多，最常见的有胶合板、刨花板、纤维板、细木工板等。

1.胶合板

胶合板是用三层或奇数多层（特殊情况也有偶数层）的单板经热压胶合而成，各单板之间的纤维方向互相垂直、对称（如图2-37所示）。胶合板具有幅面大而平整，不易干裂、纵裂或翘曲等特点，适用于制作大面积板状部件，在家具、造船、造车、包装及其他工业中获得广泛应用。

2.刨花板

刨花板是将木材加工过程中的边角料、木屑等切削成一定规格的碎片，经过干燥、拌以胶黏剂、硬化剂、防水剂，在一定的温度下压制而成的一种人造板材（如图2-38所示）。刨花板的特点在于可加工成大幅面的板材，加工性能好；制成品刨花板不需要再次干燥，可以直接使用；吸音和隔音性能好。但因为边缘粗糙，容易吸湿，所以用刨花板制作的家具封边工艺就显得特别重要。另外由于刨花板容积较大，用它制作的家具，相对于其他板材来说也比较重。

3.纤维板

纤维板是利用木材加工的废料或植物纤维做原料，经过破碎、浸泡、制浆、成型、干燥和热压等工序制成的一种人造板材（如图2-39所示）。按其容重分为硬质纤维板、半硬质纤维板和软质纤维板。纤维板特点是构造均匀，各向强度一致，不易涨缩和开裂，具有隔热、吸音和较好的加工性能。缺点在于其强度差，握钉力较差，甲醛含量较高。

4.细木工板

细木工板是一种拼合结构的板材，板芯用短小木条拼接，两面再胶合两层表面板而成（如图2-40所示）。与刨花板、中密度纤维板相比，其天然木材特性更顺应人类自然的要求。它具有质轻、易加工、握钉力好、不易变形等优点，是室内装修和高档家具制作的理想材料。

五、产品设计中木材材料应用实例

木材是传统的材料，自古就被用来制作家具和生活器具，它是一种天然的材料，也是最富有人情味的材料。在产品设计中，木材的应用不仅赋予物件一定功能，其天然的纹理和色泽也为产品增添了几分美感。

1.木质手表

除了驱动指针运转的一个金属弹簧片外，乌克兰木匠瓦列里（Valerii Danevych）完全使用木头制作了具有实际使用功能的手表（图2-41所示）。制作过程中，他主要使用了力量与弹性比较理想的橡木，另外，他也会选用一些如杜松之类的木质。这种木质手表有一种独特的美，其精湛的技艺令人惊叹！

2.日本传统箪笥拉杆箱

在过去，箪笥有着多种用途：收银柜、可移动的抽屉，或者为了安全考虑而增加复杂的机械工艺。来自Furnitureholic的Yuukou Yamaguchi借鉴学习了这种传统工艺，将日本传统家具箪笥融合在拉杆箱设计之中，将拉杆箱做成抽屉状并融入现代的元素，打造了两款定制箪笥拉杆箱（如图2-42所示）。第一款为便携式箪笥拉杆箱，带有黑色金属装饰。它符合日本航空的行李规定，重10kg。从外观来看，它只有4个抽屉。不过隐藏着的3个抽屉也提供了很多额外的空间，可以容纳A4纸大小的办公用品、笔记本电脑。当底部的抽屉被打开或是关闭，箱子顶部会响起一段旋律，好像在提醒你不要让别人往里面看啦。第二款是粉嫩的金属装饰，专为时装秀设计，由泡桐木制成。金属装饰是从老式箱子上取下的，采用经典的inome图案，喷以珠光漆。

图2-41　木质手表

3.The Chair

图2-43所示的椅子是丹麦椅匠Hans J.Wegner于1949年为有腰疾的人设计的，其灵感源于中国明椅。由于椅子的基本造型圆润平滑，整个设计没有锐角存在，因此其原名为The Round Chair。后来因在1960年肯尼迪与尼克松的电视辩论中出镜而得名肯尼迪椅，而美国杂志《Interiors》的"世界上最漂亮的椅子"的评价使它有了一个舍我其谁的霸气名字：The Chair。The Chair的体量和坐深均大过一般座椅，坐进去时，两臂从肘至掌放在宽大的扶手上，后腰被高度达120mm的椅背牢牢地支撑住，人会不由自主地挺直脊柱，一副正襟危坐的样子，不仅久久不累，而且十分有气场，非常适合摆在客厅或者书房。这把椅子的力学设计也是不留痕迹的完美，以光顺的曲面过渡将扶手、椅背、椅腿、坐面连为一体，整张椅子构成一个大型框体，强度足够使用几十年。

图2-43　The Chair

图2-42　拉杆箱

4."衡"系列台灯

图2-44所示的"衡"系列台灯——打破传统台灯的开启方式，木框里的小木球是台灯的开关。我们将放置在桌面的小木球往上抬，两个小木球会相互吸引并悬浮

图2-44　"衡"系列台灯

在空中，达到平衡状态时，灯光慢慢变亮。创新的交互方式给乏味的生活带来一丝乐趣。

5. 丰田Setsuna木头车

图2-45所示是丰田在2016年的米兰设计周带来的一款名为Setsuna的概念车，纯手工打造的车身基本采用木质结构完成。外部的车门板取材于日本雪松，而车架部分选择了日本的桦木，其装配采用了被称为"okuriari"的日本传统细目工艺技术，类似中国的榫卯结构，即不需要任何螺丝和钉子进行固定。汽车作为一名特殊的家庭成员，人们花费时间和精力与其共处，维护保养悉心照料，有的甚至会传给下一代人，这样的车需要赋予一种新的价值，因此丰田选用木材制作该车，希望借此表达出家庭传承的理念。

图2-45　Setsuna木头车

思考题

1. 试比较木材的三切面有何不同？
2. 木材的特性有哪些？
3. 常用的板材有哪些？
4. 到家具市场调查了解制作家具常用的木材有哪些？

第四节　陶瓷及其加工工艺

任务描述

本节主要介绍了陶瓷材料及其加工工艺技术的相关知识，包括陶瓷概述、陶瓷的基本性能，陶瓷的加工工艺和常用陶瓷材料及在设计中的应用。

学习目标

1. 了解陶瓷的发展史；
2. 掌握陶瓷的分类方法及基本性能；
3. 熟悉陶瓷常用的加工工艺。

基础知识

一、陶瓷概述

陶瓷是陶器与瓷器的总称，是人类最早利用的一种非天然材料，在产品中被广泛使用。陶瓷的发明与人类知道用火有密切的关系，被火焙烧的黏土会变得坚硬，促使原始先民有意识地用泥土制作他们需要的器物。中国是陶瓷的故乡，英文"China"就包含着"中国"和"陶瓷"两个意思。

陶瓷的产生和发展是中华民族文化发展史中的一个重要组成部分。早在公元前5000～前3000年的新石器时代，中国就创造出灰陶、彩陶、黑陶和几何印纹陶等品种。两汉时期，釉陶大量替代铜质日用品，从而使陶器得到迅速发展。汉代的釉陶已发展到很高阶段，这是由陶向瓷过渡的桥梁。经过三国、两晋、南北朝和隋代共300多年的发展，到了唐朝政治稳定、经济繁荣，陶瓷发展也进入了一个繁荣成长的阶段，其中以唐三彩最为著名（图2-46）。宋代是中国制瓷业极其辉煌的历史时期，出现了百花齐放、百花争艳的局面。举世闻名的汝、官、哥、定、均五大名窑的产品为稀世珍品，所制瓷器品种丰富多彩、造型简洁优美、装饰方法多种多样。元代由于战乱，打击了制瓷业，但制瓷业工艺仍有新创新，成功创造出青花瓷和釉里红的烧制方法，尤其是元青花的烧制成功，在中国陶瓷史上具有划时代的意义（图2-47）。清朝康、雍、乾三代瓷器的发展臻于鼎盛，达到了历史上的最高水平，是中国陶瓷发展史上的第二个高峰。康熙时不但恢复了明代永乐、宣德朝以来所有精品特色，还创烧出很多新的品种，其中珐琅彩瓷闻名于世。雍正朝的制瓷工艺到了登峰造极的地步，其中雍正粉彩非常精致，成为与号称"国瓷"的青花媲美的新品种（图2-48）。乾隆朝的单色釉、青花、釉里红、珐琅彩、粉彩等品种在继承前新的基础上，都有极其精致的产品和创新品种。但是乾隆时期也是中国制瓷业盛极而衰的转折点，尤其是道光时期的鸦片战争，使中国沦为半殖民地半封建社会，制瓷业一落千丈。新中国建立后，伴随着改革开放的春风，陶瓷工业又有了新的发展，工业陶瓷及某些特种陶瓷也有了较大的发展。

图2-46 三彩胡人牵骆驼俑

图2-47 青花凤穿花执壶

陶瓷材料的分类方法较多，常见的是以下两种分类方法。

（1）按照陶瓷材料的性能功用可将陶瓷分为：普通陶瓷和特种陶瓷两大类。

① 普通陶瓷 又称为传统陶瓷，主要是以黏土、石英、长石等天然矿物为原料，成型后在高温窑炉中烧结成的制品，如日用陶瓷、建筑陶瓷、绝缘陶瓷、化工陶瓷、艺术陶瓷等。

② 特种陶瓷 又称为现代陶瓷，通常认为特种陶瓷是采用高度精选的原料（如氧化物、氮化物、硼化物、氟化物等）、具有能精确控制的化学组成、便于控制的制造加工技术制成并

图2-48 雍正粉彩草虫图碗一对

具有优异特性的陶瓷。

（2）按照陶瓷制品进行分类可将陶瓷分为：陶器、瓷器和炻器三大类。

① 陶器 是指以黏土为胎，经过手捏、轮制、模塑等方法加工成型后，在高温下（900～1050℃）烧制而成的物品，分为粗陶和精陶两种。其特点为坯体不够致密，孔隙率高；断面粗糙无光，不透明；吸水率大，敲之声音粗哑，可施釉或不施釉（图2-49）。

② 瓷器 瓷器可以说是陶瓷发展的最高阶段，它是一种由瓷石、高岭土等为原料经高温烧结，外表施以釉料或彩绘的器物，由于烧结温度高，其坯体已完全烧结、贝化，因此坯体很致密，对液体和气体都无渗透性。故瓷器的特征为坯体致密、强度高、耐磨、基本上不吸水；断面成石状或贝壳状、透光性好；敲之声音清脆，通常要施釉（图2-50所示）。

③ 炻器 是介于陶器与瓷器之间的一种制品，其孔隙率低于陶器，多数带有颜色且无透明性。许多化工陶瓷和建筑陶瓷都属于炻器范畴，如紫砂壶、建筑工程用的墙砖、地面砖等。图2-51所示为中国工艺美术大师汪寅仙所设计的西瓜紫砂壶。

图2-49　陶器-彩陶　　　　图2-50　瓷器-鱼骨碟　　　　图2-51　炻器-紫砂壶

二、陶瓷的基本性能

1.力学性能

结合键和晶体构造决定了陶瓷具有很高的抗压强度和硬度，其硬度是各类材料中最高的，但其抗拉强度很低。此外脆性是陶瓷材料的一大缺陷，是阻碍其作为结构材料广泛应用的主要原因，也是当前研究的重要课题。提高陶瓷材料的强度，降低其脆性的途径是在晶体结构确定的情况下提高晶体的完整性。为了控制陶瓷的内部裂纹和减少各种缺陷，要求材质"细、密、纯、匀"。

2.陶瓷的电性能和热性能

陶瓷的导电性变化范围很广。一般情况下，大多数陶瓷是电绝缘体，少数特种陶瓷如氧化锌、氧化锆等是半导体。随着科学技术的发展，已经出现了具有各种电性能的陶瓷如压电陶瓷、磁性陶瓷等，它们作为功能材料为陶瓷的应用开拓了广阔的天地。

陶瓷材料的热性能主要包括了热容、热膨胀系数、热导率、热稳定性、抗热震性、抗热冲击性等。其中热稳定性是指陶瓷材料在温度急剧变化时抵抗破坏的能力，是陶瓷制品使用时的一个重要质量指标。陶瓷的热稳定性很低，在温度急剧变化时抵抗破坏的能力较差，这是陶瓷的另一个主要缺点。

3.化学性质

陶瓷的化学性质是指陶瓷耐酸碱的侵蚀与大气腐蚀的能力。陶瓷的化学稳定性主要取决于坯料的化学组成和结构特征，一般来说陶瓷材料为良好的耐酸材料，能耐酸和盐的侵蚀，但抵抗碱的能力较弱。餐具瓷釉在使用时要注意，在弱酸碱的侵蚀下铅的溶出量超过一定量时对人体是有害的。

4. 气孔率与吸水率

气孔率指陶瓷制品所含气孔的体积与制品总体积的百分比。气孔率的高低和密度的大小是鉴别和区分各类陶瓷的重要标志。吸水率则反映陶瓷制品烧结后的致密程度，日用陶瓷质地致密，吸水率不超过0.5%，炻器吸水率在2%以下，陶器吸水率则在3%以上。

三、陶瓷的成型工艺

陶瓷成型工艺主要分为三部分：原料配置、坯料成型、干燥及烧结。

1. 原料配置

传统陶瓷原料主要包括黏土、石英、长石、硅化石等，其组成由黏土的成分决定，所以不同产地和窑炉的陶瓷有不同的质地。特种陶瓷的原料是纯化合物，因此其成分由人工配比决定，其性质的优劣由原料的纯度和工艺决定，而与产地无关。原料的配置对于制备陶瓷材料至关重要，原料在一定程度上决定着陶瓷制品的质量和工艺条件的选择。

2. 坯料成型

将陶瓷原料经过配料和加工得到的具有成型性能的多组分混合料称为坯料，而将制备好的坯料制成具有一定形状大小坯体的过程即为成型。成型后的坯件仅为半成品，其后还要进行干燥、上釉、烧结等多道工序。

由于陶瓷制品的种类繁多，坯料性能各异，制品的形状、大小、烧制温度不同，以及对各类制品的性质和质量的要求也不相同，因此所用的成型方法也多种多样。常用的陶瓷坯料的成型方法有可塑成型、注浆成型、干压成型等。

（1）可塑成型 是利用泥料具有可塑性的特点通过手工、利用模具或刀具等运动所造成的压力、剪切力、挤压等外力对坯料进行加工，迫使其在外力作用下变形而制成坯体的成型方法，主要用于成型具有回转中心的圆形产品。我国古代采用的手工拉坯就是最原始的可塑法。根据可塑成型的原理，又发展了滚压成型、塑压成型、注塑成型等。以下介绍几种常用的可塑成型方法。

① 旋坯成型 分为阴模和阳模两种方法。阴模法是将坯料安放在旋转的石膏模内，受样板刀的压力均匀地附着在模具的内部，形成所需形状的坯件，多用于杯、碗等器形较大、内孔较深、口径小的产品的成型。阳模法是将坯料安放在旋转的石膏模上，由样板刀决定坯件外表的形状，多用于盘、碟等器形较浅、口径较大的产品的成型。

② 滚压成型 在旋坯成型的基础上发展起来的一种可塑成型方法，也是采用旋坯成型，只是把扁平型的样板刀改为尖锥形或圆柱形的滚压头。成型时盛放着泥料的石膏模型和滚压头分别绕自己的轴线以一定的速度同方向旋转。滚压头在转动的同时，逐渐靠近石膏模型，并对泥料进行滚压成型（如图2-52所示）。

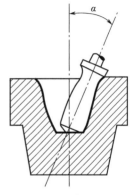

图2-52 滚压成型

③ 塑压成型 将可塑泥料放在模型内在常温下压制成坯的方法。塑压成型适合于成型各种异型盘碟类制品,如鱼盘、方盘、多角形盘碟及内外表面有花纹的制品。由于成型时施以一定的压力,坯体的致密度较旋坯法、滚压法都高;缺点是石膏模的寿命短,容易破损。

(2)注浆成型 注浆成型是陶瓷生产成型中一个基本的成型工艺:将制备好的坯料泥浆注入多孔性模型内,由于多孔性模型的吸水性,泥浆在贴近模壁的一侧被模子吸水而形成一均匀的泥层,并随时间的延长而加厚,当达到所需厚度时,将多余的泥浆倾出,最后该泥层继续脱水收缩而与模型脱离,从模型取出后即为毛坯(如图2-53所示)。

图2-53 注浆成型

注浆成型后的坯体结构均匀,但含水量大且含量不均匀,干燥与烧成收缩大。适于成型各种形状复杂、不规则、薄、体积较大而且尺寸要求不严的器物,如花瓶、汤碗、椭圆形盘、茶壶等。注浆成型又分为石膏模铸成型、热压注浆成型和高压注浆成型。

石膏模铸成型的注浆方法有空心注浆(单面注浆)和实心注浆两种(图2-54、图2-55所示)。

为了提高注浆速度和坯体的质量,从以上两种基本注浆成型方法出发,又研究出一些与此类似的注浆方法:

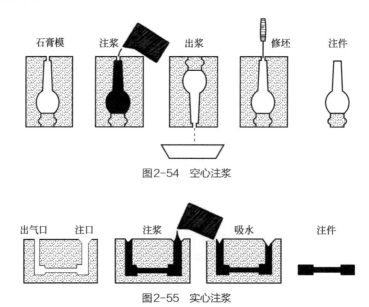

图2-54 空心注浆

图2-55 实心注浆

① 压力注浆　以加大对泥浆的压力来促进泥浆中水分向模型的扩散，从而加快成型速度，这种方法用于实心注浆较多。

② 离心注浆　在旋转状态下进浆。泥浆由于受离心力的作用，能较快地紧靠模壁形成致密的坯体，颗粒排列、坯体厚度均匀，成型过程缩短，制品质量提高。

③ 真空注浆　对于质量要求高的制品，先通过真空处理来排出泥浆中所含的空气或将石膏模置于真空室内浇注的方法。真空注浆可大大缩短坯体的形成时间，提高工作效率，同时可提高坯体致密度和强度。

（3）干压成型（模压成型）　将含水（或其他胶黏剂）很少的粒状粉料填充于模具之中，对其施加压力，使之成为具有一定形状和强度的陶瓷坯体的成型方法。干压成型的实质是在外力作用下，颗粒在磨具内相互靠近，并借内摩擦力牢固地把各颗粒联系起来，保持一定形状的成型方法。优点在于工艺简单、操作方便、周期短、效率高、便于自动化生产；干压成型的坯体密度大、尺寸精确、收缩小、强度高。缺点在于模具磨损大、加工复杂、成本较高，不适合于大型坯体的生产等。

3.干燥及烧结

排出坯体中水分的过程称为干燥。成型后的各种坯体一般都含有较高的水分，没有足够的强度来承受搬运或再加工过程中的振动与压力，容易发生变形和损坏，尤其是可塑成型和注浆成型后的坯体。同时干燥处理也能提高坯体吸附釉彩的能力并且可以缩短烧结周期，降低燃料损耗。

但是生坯在干燥后会产生收缩变形，甚至是开裂。生坯的干后强度、气孔率与干燥后的水分对后续工序有直接影响。因此对于生坯的干燥，必须根据不同的成型方法所制坯体的干燥收缩特点，确定正确的干燥方法和制定相应的干燥制度。常用的坯体干燥的方法有自然空气干燥、热空气干燥（对流干燥）、微波干燥以及辐射干燥等。

为了改善陶瓷坯体表面的性能，提高产品的使用性能，陶瓷表面还要进行施釉处理。釉是一种覆盖在坯体表面的玻璃状薄层，不仅能提高陶瓷的机械强度和热稳定性，同时可防止液体、气体的侵蚀，提高了坯体的化学稳定性，增加了坯体表面的光滑性，易于清洗。

在不同时期所用的釉料不同，上釉的方法也不同。根据不同的器皿、不同的工艺要求和制品的需要常用以下上釉方法。

图2-56　荡釉

（1）荡釉　用大瓢勺舀满釉浆倒入器皿坯胎内，用手摇荡使釉浆均匀地布满器皿内壁后，快速倒出剩余釉浆（如图2-56所示）。主要用于器皿内壁如壶、瓶、钵类等造型器具的施釉。

（2）涂釉　用毛笔蘸釉浆涂在坯体表面，此方法多用于多种颜色釉综合装饰的施釉方法（如图2-57所示）。

（3）浇釉　图2-58所示为浇釉的方式，主要用于器皿外壁施釉。

（4）吹釉　用铁皮做成一种筒状上釉器具（也可用喷

图2-57　涂釉

枪），利用气体压力作用使釉筒内的釉浆受压雾化成微小的粒子，密布于坯体表面，如此反复以达到所需釉层的厚度（如图2-59所示）。

（5）浸釉　图2-60所示为浸釉的方式，主要用于不太大、偏矮造型器皿的外壁施釉。

烧结又称烧成，是陶瓷制品工艺中最重要的一道工序。经成型、干燥和施釉后的半成品，必须再经过高温烧烧，使坯体在高温下发生一系列物理化学变化，达到完全致密程度的瓷化状态，成为具有一定性能的陶瓷制品。陶瓷制品在烧结后即硬化定型，具有很高的硬度，一般不易加工。

  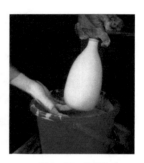

图2-58　浇釉　　　　　图2-59　吹釉　　　　　图2-60　浸釉

四、产品设计中陶瓷材料应用实例

1. G20杭州峰会国宴餐具

如图2-61所示的这套玛戈隆特"西湖盛宴"G20国宴餐具系列设计创作灵感是来源于水和自然景观。整套餐瓷体现出"西湖元素、杭州特色、江南韵味、中国气派、世界大同"的G20国宴布置基调。本次国宴餐瓷都是采用含45%天然骨粉的高级骨瓷所制，餐具釉色温润通透，是高档宴会菜肴的最佳搭配。这一件件精美的餐瓷，都要经过至少九九八十一道工序才能制成，而绘制图案的颜料也达到了FDA药物食品检测标准，以此确保餐具的洁净、安全与卫生。

图2-61　G20杭州峰会国宴餐具

2.陶瓷灯

图2-62及图2-63所示灯具分别为Shoal灯和Cibola Pendant灯，由Dominic Bromley设计。Shoal（鱼群）灯，直径2m，中间有6根发光管，所有的鱼形都是由陶瓷烧成的。陶瓷所反射和折射出的光线仿佛让人置身于波光粼粼的海洋之中。Shoal灯的设计灵感来自于深海鱼群。

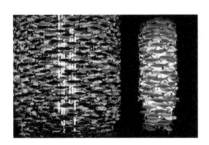

图2-62 Shoal（鱼群）灯

图2-63 Cibola垂灯

Cibola垂灯，是由两块陶瓷片组成的，圆形纹样装饰的灵感来自洋葱，反光之时能产生月食之美。该灯的设计将陶瓷的质感与光影效果相结合，营造出了不一样的气氛。

3. 微风拂动的花瓶

图2-64所示为Front设计的陶瓷花瓶。这款颇具东方韵味、高山流水似的青花瓷花瓶仿佛站在一个巨大的风口上，风吹得它不得不弯曲变形，但却没有摧毁它。它的特别之处在于其上半部分，设计师刻意将图案做成模糊的样子，再加上瓶身不规则的形状，表现出被风吹花了的效果。如此设计为静物赋予了别样的动感，让瓶中花朵更显生动。

图2-64 Blow Away Vase

4. Rado手表

Rado（雷达）在20世纪80年代就开始探索使用陶瓷材料制作手表，其中氧化锆陶瓷不但坚硬无比而且永不磨损。它是用特种陶瓷材料的超精细粉末压制成型，后经1450℃的高温烧结，再用钻石沙抛光成光亮且具有金属感的表面。图2-65所示为Rado公司生产的陶瓷手表，表面无比光洁、坚硬，而且具有超强的抗磨损能力，又被称为永不磨损的手表。这种陶瓷材料独特的质感，使得手表显得格外的高贵典雅，大大提升了产品的品质感。

图2-65 Rado手表

5. 曲壶

图2-66所示的曲壶是由中央美术学院教授张守智和中国工艺美术大师汪寅仙共同设计制作而成的。作品的形象来源于蜗牛的有机生态，整个壶体只用一条涡线贯穿。壶身与壶嘴、壶把结合，形成的整体既有线的变化，又有面的变化，线面的结合协调、柔和、变化又统一。整个壶体静中有动，动中有静，壶嘴和提梁内部形成的虚空间对比性强，更显示出壶体的轮廓美和韵律美。

图2-66 曲壶

思考题

1. 陶瓷的分类方法是什么？
2. 陶器、炻器、瓷器的区别是什么？
3. 陶瓷常用的成型工艺有哪些？

第五节 玻璃及其加工工艺

任务描述

本节主要介绍了玻璃材料的性能及其加工工艺技术的相关知识。主要包括玻璃的分类、性能、常用的加工工艺和玻璃材料在设计中的应用等。

学习目标

1. 了解玻璃的分类；
2. 熟悉玻璃的性能及常用加工工艺；
3. 能够结合所学知识在今后的设计中巧妙且合理地选用玻璃材料。

基础知识

玻璃，中国古代称为壁琉璃、琉璃，近代也称为釉料。人类最早使用的玻璃，是火山爆发时，炙热的岩浆喷出地表，迅速冷凝硬化后形成的天然玻璃。约在公元前1600年，埃及已兴起了正规的玻璃手工业。当时生产的有玻璃珠和花瓶，但由于冶炼工艺不成熟，玻璃还不透明，直到公元前1300年，玻璃才能做得略透光线。从历史遗存中可以发现，中国在三千多年前的西周，玻璃制造技术就达到了较高水平。

在当今科学技术高度发展，各种自然材料和人工材料日益丰富的今天，玻璃这一"古老而又新兴、奇特而又美丽"的材料，正前所未有地发挥出它的特性。

一、玻璃的分类

玻璃的主要成分是二氧化硅，质地硬且脆。玻璃常用的分类方法如下。

1. 按玻璃的用途和使用环境分类

按玻璃的用途和使用环境可将玻璃分为日用玻璃、技术玻璃、建筑玻璃及玻璃纤维等。

日用玻璃——瓶罐玻璃、器皿玻璃、装饰玻璃等。

技术玻璃——光学玻璃、仪器玻璃、管道玻璃、电器用玻璃、医药用玻璃、特种玻璃等。

建筑玻璃——窗用平板玻璃、镜用平板玻璃、装饰用平板玻璃、安全玻璃等。

玻璃纤维——无碱纤维、低碱纤维、中碱纤维、高碱纤维等。

2. 按玻璃的特性分类

按玻璃的气密性、透光性、光学特性、化学耐久性、电及热特征、强度、硬度、加工性以及装饰性等特性可将玻璃分为平板玻璃、容器玻璃、光学玻璃、电真空玻璃、工艺美术玻璃、建筑用玻璃及照明器具玻璃等。

3.按玻璃化学成分分类

玻璃按化学成分分为氧化物玻璃和非氧化物玻璃。氧化物玻璃分为硅酸盐玻璃、硼酸盐玻璃、磷酸盐玻璃等。非氧化物玻璃品种和数量很少，主要有硫系玻璃和卤化物玻璃。

另外按制造方法可分为吹制玻璃、拉制玻璃、压制玻璃以及铸造玻璃等。

二、玻璃的基本性能

（1）强度　玻璃是一种脆性材料，其强度一般用抗压、抗张强度表示。玻璃的抗张强度较低，抗压强度较高，一般为抗张强度的14～15倍。

（2）硬度　玻璃的硬度仅次于金刚石、碳化硅等材料，它比一般的金属硬，不能用普通的刀和锯进行切割。

（3）光学性质　玻璃具有高透明性，具有吸收或透过紫外线、红外线、感光、光变色、光储存和显示等重要光学性能。通常光线透过越多，玻璃质量越好。

（4）电学性质　常温下玻璃是电的不良导体，温度升高时，玻璃的导电性能迅速提高，熔融状态时变为良导体。

（5）热性质　玻璃的导热性很差，一般经受不了温度的急剧变化。制品越厚，承受温度急剧变化的能力越差。

（6）化学稳定性　玻璃的化学稳定性较稳定，其耐酸腐蚀性较高（氢氟酸除外）而耐碱腐蚀性较差。

三、玻璃的加工工艺

玻璃的加工工艺视制品的种类而异，过程基本上可分为配料、熔化、成型、热处理四个阶段，有些还要进行二次加工。

根据用量和作用的不同，玻璃原料可以分为主要原料和辅助原料两大类。主要原料决定了玻璃制品的物理化学性质，辅助原料是为了赋予玻璃制品具有某些特殊性能和加速熔制过程所加入的物质。

玻璃的主要原料有硅砂（石英砂）、长石、纯碱、石灰石、硼酸、硼砂及含硼矿物、含铅化合物等。常用的玻璃辅助原料有澄清剂、助溶剂、脱色剂、着色剂、乳浊剂等。

1.玻璃的成型

玻璃的成型是将熔融玻璃加工成一定几何形状和尺寸的玻璃制品的工艺过程。玻璃的成型方法主要有压制成型、吹制成型、拉制成型和压延成型等。

（1）压制成型　压制成型是在模具中加入玻璃熔料加压成型，多用于玻璃盘碟、玻璃砖等的成型（如图2-67所示）。

（2）吹制成型　吹制成型是将玻璃原料压制成雏形型块，再将压缩气体吹入处于热熔态的玻璃型块中，使之吹胀成为中空制品，如图2-68所示。

（3）拉制成型　拉制成型是利用机械拉引力将玻璃熔体制成制品，分为垂直拉制和水平拉制。主要用于加工平板玻璃、玻璃管、玻璃纤维等。

（4）压延成型　压延成型是使用金属辊将玻璃熔体压成板状制品，主要用来生产压花玻璃、夹丝玻璃等，该成型分为平面压延型与辊间压延型。

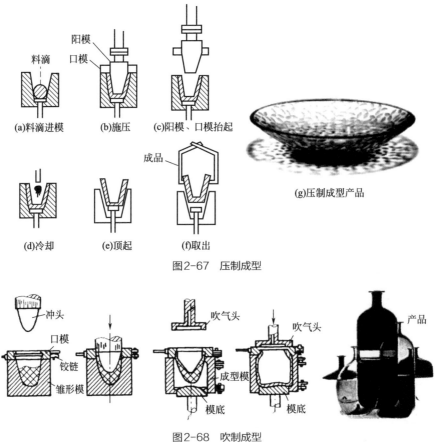

图2-67　压制成型

图2-68　吹制成型

2. 玻璃的热处理

玻璃制品在生产中由于高温冷却时，其表面及内部经受急剧和不均匀的温度变化，导致制品内部产生热应力，结构变化的不均匀及热应力的存在会降低制品的强度和热稳定性，很可能在成型后的冷却、存放和机械加工过程中自行破裂。制品内部结构变化的不均匀性，又可能造成玻璃制品光学性质的不均匀。因此，玻璃制品成型后，一般都要经过热处理。玻璃制品的热处理一般包括退火和淬火两种工艺。

退火是为了消除玻璃中的永久应力，将玻璃加热到低于玻璃转变温度附近的某一温度进行保温均热，以消除或减小玻璃制品中应力的热处理过程。通过退火处理可使玻璃内部结构均匀，产品性能质量和一致性得到保证。

淬火是通过在玻璃表面造成压应力，使玻璃得到增强。将玻璃制品加热到转变温度以上50～60℃，然后在冷却介质中急速均匀冷却，从而使玻璃表面形成一个有规律、均匀分布的压力层，以提高玻璃制品的机械强度和热稳定性。

四、常用的玻璃品种

（1）中空玻璃　将两片以上的平板玻璃用铝制空心边框框住，用胶结或焊接密封，中间形成自由空间，并充以干燥空气，具有隔热、隔音、防霜、防结露等优良性能。

（2）夹层玻璃　利用透明的、黏结力强的塑料膜片将两片或多片平板玻璃在高温高压作用下黏结起来的玻璃。当外层玻璃受到冲击发生破裂时，碎片被胶粘住，只形成辐射状裂纹，不致因碎片飞散造成人身伤亡事故。

（3）防火玻璃　一种新型的建筑用功能材料，具有良好的透光性能和防火阻燃性能。由两层或两层以上玻璃用透明防火胶黏结在一起制成的。

（4）镀膜玻璃　在玻璃表面涂镀一层或多层金属、合金或金属化合物薄膜，以改变玻璃的光学性能，满足某种特定要求。

（5）钢化玻璃（强化玻璃）　经强化处理而具有良好机械性能和耐热震性能的玻璃。强化处理的方式有：物理方式如风淬火、油淬火和熔盐淬火；化学方式如表面离子交换、表面晶化、酸处理等。钢化玻璃破碎后裂成圆钝的小碎片，碎片不带尖锐棱角，可减少对人的伤害。

（6）夹丝玻璃（防碎玻璃和钢丝玻璃）　将普通平板玻璃加热到红热软化状态，将预热处理的金属丝或金属网压入玻璃中间而制成（如图2-69所示）。由于金属丝或金属网的嵌入，夹丝玻璃在遭受冲击或温度剧变时破而不缺、裂而不散、具有较好的安全性和防火性。

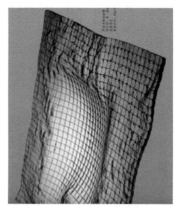

图2-69　夹丝玻璃

（7）彩色玻璃　彩色玻璃是对通过的可见光具有一定选择性吸收的玻璃（如图2-70所示）。根据着色工艺，可分为本体着色和表面着色两种。本体着色是在玻璃原料中加入金属氧化物，熔融后能产生不同的颜色如茶色、蓝色、灰色、绿色等。表面着色则是在玻璃表面覆敷一层金属的、金属氧化物或有机物的颜色涂层，使玻璃呈色。彩色玻璃分透明和不透明两种，其色泽有多种，可拼成各种花纹图案，产生独特的装饰效果。

图2-70　彩色玻璃

（8）釉面玻璃　在玻璃表面涂敷一层彩色易熔性色釉，然后加热到彩釉熔融温度，使釉层与玻璃牢固结合在一起，经退火或钢化等不同热处理方式制成。

（9）玻璃马赛克　由石英、长石、纯碱、氟化物等配合料经高温熔制后再加工成方形的玻璃制品，如图2-71所示。它具有各种颜色，呈乳浊或半乳浊状。玻璃马赛克具有耐腐蚀、不褪色、色彩绚丽、洁净、价廉、施工方便等优点。

（10）喷雕、彩绘玻璃　喷雕玻璃和彩绘玻璃是融艺术和技术为一体的装饰产品，喷雕玻璃有平面雕刻和立体雕刻，可在表面上雕刻出有层次的花鸟、山水等各种图案。

其他玻璃品种还有灭菌玻璃、可钉玻璃，天线玻璃、自洁玻璃等。

图2-71　玻璃马赛克

图2-72　海浪玻璃雕塑

五、产品设计中玻璃材料应用实例

玻璃是一种充满矛盾又非常神奇的物质，艺术家们利用它晶莹透明、冷峻坚硬同时又具有折光性的特点，在艺术创作上追求变幻莫测、令人难以预想的艺术效果。它可以用于绘画、雕塑和产品设计中，满足艺术家的众多诉求。在艺术家眼中，玻璃代表的是创造的无限延伸。

1. 海浪玻璃雕塑

Marsha Blaker和Paul DeSomma，两位玻璃艺术家捕捉到了海洋的力量和运动感。令人难以置信的定格住了大海瞬间的魅力，精巧而完美（如图2-72所示）！

2. 创意杠杆水瓶CAWA

图2-73所示为西班牙设计师Lucas González设计的一款简洁美丽的创意瓶子。与我们平时需要提起来倾倒的水瓶不同，设计师为玻璃水瓶增加了一个支架，借由这个弯曲的木架，整个水瓶有了更为独特的外形，另一方面也让倒水变得更为轻松，为消费者提供了一个全新的体验。

3. 井灯

图2-74所示为mejd工作室设计的井灯，结合了我国打水工具的传统结构，创新地将木桶转变成一个灯泡，井变为一个渐变磨砂的玻璃容器。摇动把手，灯泡在容器中上下运动，调节亮度的同时，也如打水般有趣。

4. 芬兰传奇湖泊花瓶

传奇湖泊花瓶（图2-75所示）是芬兰设计大师阿尔瓦·阿尔托1936年的作品。这只传奇湖泊花瓶，是北欧设计的经典图腾。流动弧度和优雅线条的设计，晶莹剔透之中仿若看见梦幻沉静的湖泊和蜿蜒的海岸线。该花瓶首次在巴黎世界博览会展出便引起轰动，她将人们从中规中矩的花瓶视觉中解放出来，释放了人们无限的想象空间。1937年，传奇湖泊花瓶正式面世，迅速火爆热销。时至今日，仍稳居"全球销量最高花瓶"之位。她似乎有着为平淡的生活增添幻想、为娇艳的鲜花增添芬芳的魔力，令世人追捧至今。

图2-73　创意杠杆水瓶CAWA

图2-74　井灯

图2-75　湖泊花瓶

5.Iittala品牌的玻璃制品之玻璃鸟

Iittala是芬兰家喻户晓的玻璃工艺品牌，除了杯、盘等一般生活用品的设计制造外，更将芬兰的玻璃工业推向艺术收藏品的极致境界，其中又以设计师Oiva Toikka（托伊卡）创作的一系列玻璃鸟最具代表性，不但在玻璃色彩呈现的技术上不断突破创新，并以精细的制作技巧模拟出鸟类特有的姿态，每只鸟皆是由口吹玻璃师傅纯手工制作，外观上都有些许的不同，也因此赋予鸟儿们独一无二的生命。每年该系列都有新品推出，世界各地的很多"追鸟族"绝不会错过任何一个新款式（图2-76所示）。

图2-76　玻璃鸟

思考题

1.玻璃的特性有哪些？

2.玻璃的成型方法有哪些？

3.请列举出3种玻璃品种并分析其特性。

第三章 产品设计软件操作基础

第一节 Autodesk Inventor 软件概述

任务描述

Autodesk Inventor作为主流的三维建模软件，在产品设计中发挥着重要作用。本节将简要介绍Inventor软件的界面与基础操作、建模过程以及Autodesk Inventor在产品设计中的应用。

学习目标

1. 了解Autodesk Inventor零件建模的过程；
2. 熟悉Autodesk Inventor的用户界面；
3. 了解Autodesk Inventor的基本操作。

基础知识

本书以Autodesk Inventor Professional 2016（以下简称Inventor）为例，介绍该软件的基本使用方法。

Inventor有二维草图、特征、部件、工程图等多个功能模块，每一个模块拥有自己的选项卡、工具面板、工具栏和浏览器，由此组成相应的工作环境。

1.Inventor的选项卡及工具面板

通过点击不同环境下各项选项卡，会打开按逻辑关系分类存放的各种工具面板，图3-1（a）是零件环境的"模型"选项卡下各工具面板内容，图3-1（b）是装配环境的"装配"选项卡下各工具面板内容。

2.草图环境

草图环境用于创建草图几何图元（二维），草图是创建三维模型的基础。新建一个零件文件就可直接进入到草图环境，在现有的零件文件的浏览器中也可激活草图环境。

(a)零件环境【模型】选项卡中各工具面板

(b) 装配环境【装配】选项卡中各工具面板

图3-1 选项卡及工具面板

当运行Inventor后，单击"新建"图标 出现如图3-2所示的对话框，选择"默认"标签下的"Standard.ipt"零件模板，新建一个零件文件，则进入图3-3所示的草图环境。

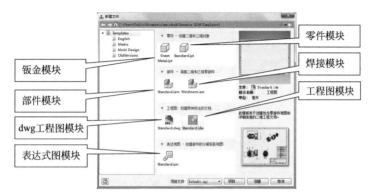

图3-2 "新建文件"对话

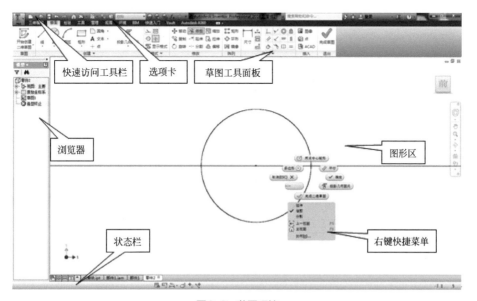

图3-3 草图环境

3.零件（特征）环境

创建或编辑零件就要激活零件环境，即特征环境。特征有以下4种类型：

（1）草图特征　基于草图几何图元，由特征命令中输入的参数定义。如拉伸、旋转特征。

（2）放置特征　不基于草图直接创建，对单个零件进行的特征操作。如抽壳、圆角、倒角、拔模斜度、孔和螺纹等特征。

（3）阵列特征　指按矩形、环形或镜像方式重复的多个特征或特征组。

（4）定位特征　用于创建和定位草图特征的平面、轴或点。

4.部件（装配）环境

部件环境也称装配环境。在Inventor中创建或打开部件文件时，在图3-2所示的对话框中选择"Standard.iam"项，就会进入如图3-4所示的部件环境。

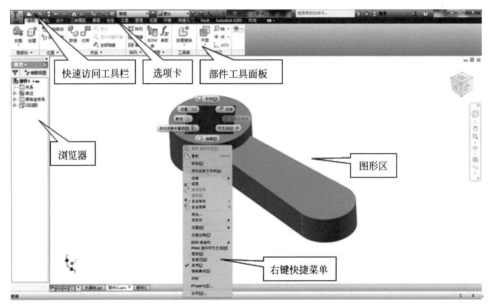

图3-4　部件环境

5.工程图环境

在Inventor中完成三维零部件的设计后，可生成零部件的二维工程图。

利用创建工具栏可生成三视图、局部视图、打断视图、剖面图、轴测图等各种二维视图。利用标注工具可对生成的二维视图进行尺寸标注、公差标注、基准标注、表面粗糙度标注以及生成部件的明细表。

熟悉Inventor 2016的用户界面。

第二节　Inventor中二维草图的绘制

 任务描述

　　Inventor采取由二维草图到三维模型的建模思想，即三维设计是二维截面在三维空间的变化与伸长。本节任务将介绍草图的绘制、编辑与约束方法，分析总结创建草图时注意的问题。

学习目标

　　1.了解草图命令和环境，练习创建草图；
　　2.掌握草图的绘制、编辑与约束；
　　3.掌握"两种约束，一个共享"，即"几何约束"、"尺寸约束"和"共享草图"。

基础知识

一、草图的绘制

1.草图环境概要

创建或编辑草图时，所处的工作环境即是草图环境，如图3-5所示。

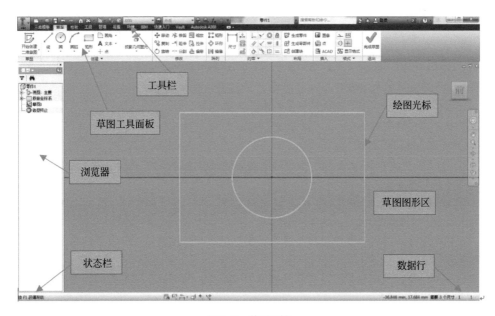

图3-5　草图环境

2.草图的创建

（1）方式一　以原始坐标系的面创建草图，如图3-6（a）。

（2）方式二　以已有特征上的平面创建草图，如图3-6（b）。

（3）方式三　工作面上创建草图，如图3-6（c）。

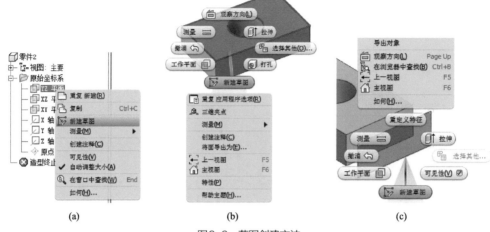

(a)　　　　　　　　　　　(b)　　　　　　　　　　　(c)

图3-6　草图创建方法

3.草图的绘制

（1）直线和样条线

① 直线　在工具面板中单击 ，操作规则如下：

a.在图形区单击确定直线的起点和终点，并可不间断的连续绘制多条直线。

b.在已绘直线的终点上，长按左键不放，沿圆弧路径移动光标，可绘制圆弧。

c.在右键菜单中"结束"（完成并退出直线功能）或者"重启动"（完成并继续绘制新的直线）。

② 样条线　在工具面板中单击 ，操作规则如下：

a.在图形区单击拾取点为样条线的控制点，并动态显示所绘样条线。

b.双击结束或在右键菜单中选"创建"，完成开口样条线绘制。

c.右键菜单中"后退"可取消当前控制点的建立。

d.拾取所绘样条线的起点，完成封闭样条线绘制。

（2）圆、椭圆和圆弧

① 圆　在工具面板中单击 ，绘制由圆心和半径确定的圆。单击 ，通过选择三条直线来生成相切圆。

② 椭圆　在工具面板中单击 ，通过定义中心点、长轴和短轴来构造椭圆。在图形区单击拾取点为椭圆的圆心。操作规则如下：

a.移动光标，以中心线动态显示椭圆一个轴的方向，拾取后，一个半轴的方向与长度被确定；

b.移动光标，将以光标点作为未来椭圆的经过点，动态显示结果椭圆，拾取确认，在右键菜单中"结束"。

③ 圆弧　在工具面板中单击 ，以圆弧上的三点来确定圆弧。单击 ，绘制以选定

目标相切的圆弧，选定目标可为直线、圆弧或样条线。单击 ，以圆弧圆心、终点和起点来确定圆弧。

（3）矩形和正多边形

① 矩形　在工具面板中单击□，通过选择矩形的两个对角点来绘制与坐标轴平行的矩形。单击◇，通过选择三点绘制任意矩形。

② 正多边形　工具面板中单击⬡，在任意方向绘制内接或外切正多边形。如图3-7所示。

（4）圆角和倒角

① 圆角　在工具面板中单击⬠，来为选定的两直线添加圆角。操作规则如下：

a. "二维圆角" 对话框中 = 被按下，则这次操作的所有圆角，将被添加 "相等" 半径的约束，只有一个驱动尺寸；

b. 否则每个圆角有各自的驱动尺寸；

c. 对于具有公共端点的图线，选定这个端点就可以创建圆角；

d. 对于没有公共端点的图线，选定这两条线就可以创建圆角。

② 倒角　单击 ⌐，为两条直线或两条非平行线的拐角或交点处放置倒角，倒角有三种不同类型：等距离、不同距离或分别指定距离和角度。如图3-8所示。

图3-7　绘制正多边形

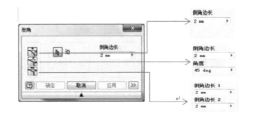

图3-8　倒角

（5）点、孔中心点和草图文本

① 点、孔中心点　在工具面板中单击 +，绘制点或孔中心点。

② 草图文本　普通文本：单击 A 。

应用训练

按照已给图形，照图练习简单草图绘制指令。

直线	圆	圆弧	矩形	圆角
				—10
倒角	点、中心点	多边形	椭圆	样条曲线
5　—10				

二、草图的编辑

1.镜像和偏移

（1）镜像 在工具面板中单击 ，通过现有草图和可充当轴的直线生成轴对称图形。其中，改变一半图形，另一半也会相应变化；改变"轴"，相互对称的两图形也会相应变化。如图3-9。

在平面中可用等长距离镜像复制一个或多个特征，亦可是整个实体或创建新实体。

（2）偏移 在工具面板中单击 ，绘制等距曲线。如图3-10。

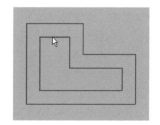

图3-9 镜像　　　　　　　　　　　图3-10 偏移

2.矩形阵列

在工具面板中单击 ，以原始草图和阵列方向草图线为基础，形成矩形或者菱形阵列。

阵列成员相互具有关联性，选中阵列某一对象，在右键菜单中可以"编辑阵列"和"删除阵列"，如图3-11。

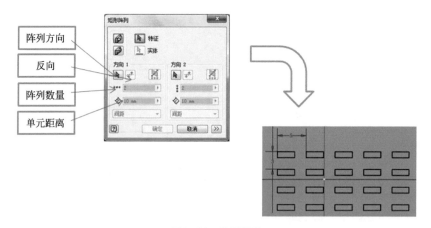

图3-11 编辑阵列

3.环形阵列

在工具面板中单击 ，以原始草图和阵列中心点为基础，形成完整的或包角的环形阵列。阵列成员相互具有关联性，选中阵列某一对象，在右键菜单中可以"编辑阵列"和"删除阵列"，如图3-12。

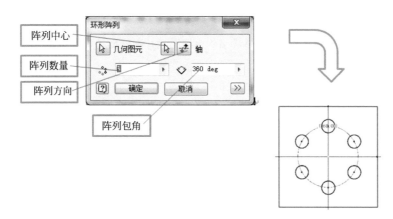

图3-12　环形阵列

4.投影

将不在当前草图中的几何图元投影到当前草图以便使用。投影结果与原始图元动态关联。

投影几何图元：在工具面板中单击 ![icon]，可投影其他草图几何元素、边和回路，如图3-13。

投影剖切边：单击 ![icon]，可以将这个平面与现有结构的截交线求出来，并投影到当前草图中，如图3-14。

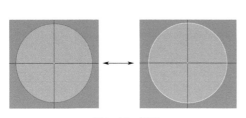

图3-13　投影

图3-14　投影剖切边

5.拖动

对选定的、未约束或欠约束的草图几何图元进行拖动，可调整其大小或位置。这是最简单、最常用的操作，如图3-15。

6.延伸

在工具面板中单击 ![icon]，将选定的图元延伸到最近的图元上，如图3-16。

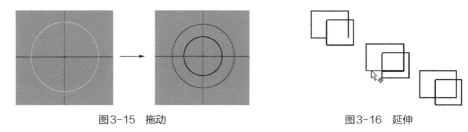

图3-15　拖动　　　　　　　　　　　　　图3-16　延伸

7.修剪

在工具面板中单击 ![icon]，将自动感应出的有界图元片断修剪掉，如图3-17。

8.分割

在工具面板中单击 ![icon] 启动命令，如图3-18。

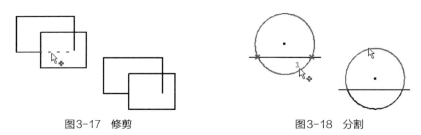

图3-17　修剪　　　　　　　　　　　　　　　图3-18　分割

按照已给图形，练习简单的草图编辑指令。

镜像	矩形阵列	环形阵列	偏移	延伸
修剪	移动	旋转	拖动	删除几何图元

三、草图的约束

图3-19　几何约束种类

1.几何约束

Inventor草图中的几何约束有：相互垂直、相互平行、相切、G2平滑、点重合即连接约束、同圆心、共线、等长、水平方向、竖直方向、固定位置、轴对称。如图3-19所示。

2.尺寸约束

标注尺寸就是添加尺寸约束。

（1）通用尺寸　工具面板中单击 ⊟，根据用户选择的图形，作出相应的标注，如图3-20。

（2）水平约束 ⟼ 与竖直约束 ⵊ　水平约束常用于使某一直线呈水平状态，也常用于将多个点放置在同一条水平线上。添加水平约束，需首先点击水平约束工具按钮将其激活，然后依次选择待应用水平约束的两个对象；也可首先将待应用水平约束的多个对象同时选中（按Ctrl键多选）然后点击水平约束工具按钮为选中的对象添加约束，如图3-21所示。

使直线，椭圆轴成对的点平行于草图坐标系的Y轴。在受约束的中点上创建草图点，可以使若干直线或轴垂直。选择它们，然后单击"竖直"。请勿选择端点。如图3-22所示。

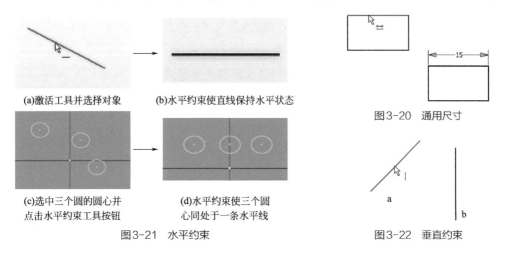

(a)激活工具并选择对象　　(b)水平约束使直线保持水平状态

图3-20　通用尺寸

(c)选中三个圆的圆心并　　(d)水平约束使三个圆
点击水平约束工具按钮　　心同处于一条水平线

图3-21　水平约束　　　　　图3-22　垂直约束

（3）重合约束 ⌐ 与同心约束 ◎　重合约束用于将点约束到其他几何图元，如图3-23所示；同心约束是两个圆弧，圆或椭圆具有同一圆心。当次约束应用到两个圆、圆弧或椭圆的中心点时，得到的结果与重合约束相同，如图3-24所示。

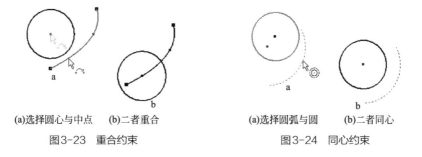

(a)选择圆心与中点　(b)二者重合　　(a)选择圆弧与圆　(b)二者同心

图3-23　重合约束　　　　　　图3-24　同心约束

（4）平行约束 ∥ 与垂直约束 ✓　使所选的线性几何图元相互平行。平行约束适用于草图几何图元以及椭圆轴、样条曲线控制柄、文本边缘和导入的图像，如图3-25所示。使所选的线性几何图元相互垂直。垂直约束适用于包含椭圆轴、样条曲线控制柄、文本边缘和导入图像的草图几何图元。如图3-26所示。

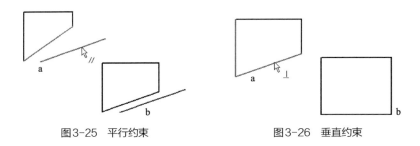

图3-25 平行约束   图3-26 垂直约束

（5）等长约束 = 与共线约束 ✓　等长约束将选定圆和圆弧约束为相同半径，将选定线段约束为相同长度。可以将若干圆弧或圆约束为相同半径，或者将若干线约束为相同长度。选择几何图元，然后单击"等长约束"命令，如图3-27所示。

共线约束使2条或更多线段或椭圆轴位于同一直线上。除了您在草图中创建的几何图元外，还可以选择可见的模型边和顶点以包括在约束中。选定的曲线和顶点键自动投影到草图平面上，如图3-28所示。

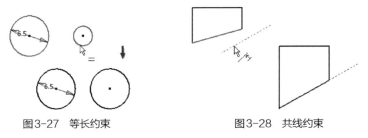

图3-27 等长约束   图3-28 共线约束

（6）相切约束 ⌀ 与平滑约束 ✎　相切约束可约束曲线（包括样条曲线的末端）使其与其他曲线相切。选择要设置为相切的两条曲线，即使两条曲线实际上没有共享点，它们也可以相切。如果存在约束，则约束不受干涉，如图3-29所示。

平滑约束选择要应用曲率约束的曲线或样条曲线，然后选择相邻的样条曲线或曲线来应用该约束，如图3-30所示。

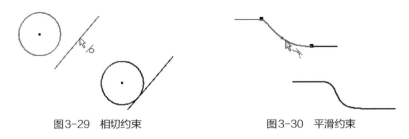

图3-29 相切约束   图3-30 平滑约束

（7）固定约束 🔒　固定约束会将点和曲线固定在相对于草图坐标系的某个位置。如果移动或旋转草图坐标系，固定的曲线或点会随之移动。固定几何图元以完全约束的颜色显示，如图3-31所示。

（8）对称约束 ⫞　对称约束选定的直线或曲线可使它们相对选定直线对称。选择要对称约束的两个对象，后选择两个对象对称的直线。当应用该约束时，约束到选定几何图元的线段也将重新定位，如图3-32所示。

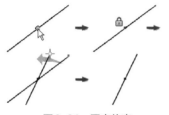

图3-31　固定约束

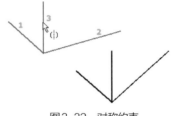

图3-32　对称约束

应用训练

1.几何约束

同心约束	等长约束	水平约束	竖直约束	重合约束
共线约束	垂直约束	平行约束	相切约束	对称约束
固定约束	自动约束	显示与隐藏		

2.尺寸约束

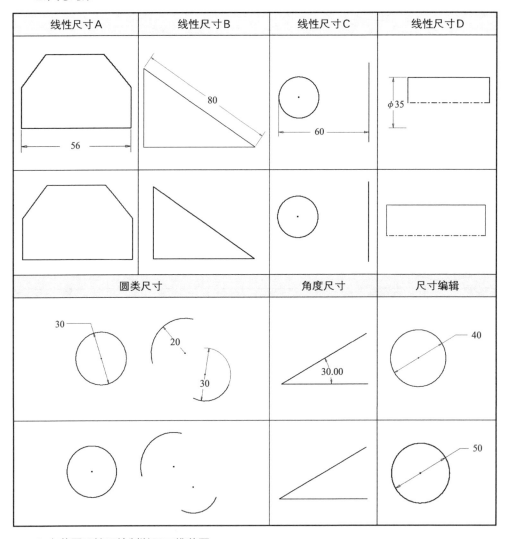

线性尺寸A	线性尺寸B	线性尺寸C	线性尺寸D

圆类尺寸		角度尺寸	尺寸编辑

3.在草图环境下绘制以下二维草图。

练习（1）

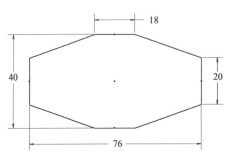

练习（2）

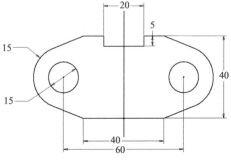

练习（3）

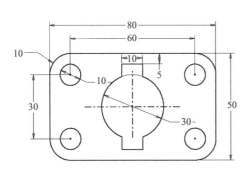

练习（4）

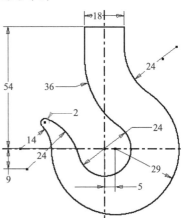

第三节　零件建模

任务描述

　　使用Inventor创建三维模型是创建草图与添加特征的过程。Inventor特征可分为草图特征、放置特征和定位特征三类。

学习目标

　　1.理解基础实体特征创建的原理；
　　2.掌握零件建模的方法；
　　3.掌握零件建模的应用。

基础知识

一、草图特征

　　草图特征是在草图的基础上创建的特征。草图特征工具位于工具面板"模型"选项卡的"创建"区域，如图3-33所示。包括拉伸、旋转、扫掠、加强筋、螺旋扫掠、凸雕、衍生与贴图。

图3-33　草图特征工具

1.拉伸

拉伸特征是将一个草图中的一个或多个轮廓，沿着草图所在面的法向（正向、反向、双向）生长出特征实体，沿生长方向，可控制收缩角，如图3-34（a）。拉伸也可以创建曲面，如图3-34（b）。

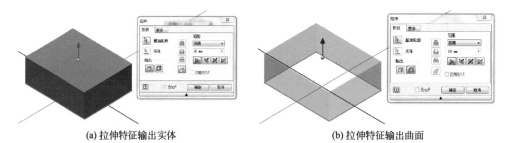

(a) 拉伸特征输出实体 　　　　　　　　　　　(b) 拉伸特征输出曲面

图3-34　拉伸特征输出

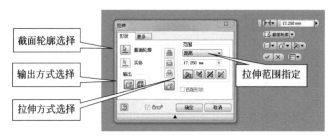

图3-35　拉伸对话框

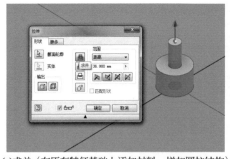

(a)求并（在原有特征基础上添加材料，增加圆柱结构）　　(b)求差（在原有特征基础上去除材料，增加孔结构）

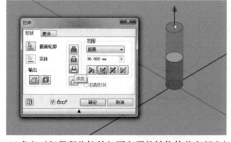

(c)求交（仅保留此拉伸与原有零件结构的共有部分）

图3-36　拉伸特征拉伸方式选择

（1）拉伸方式选择　图3-35对话框中自上而下三种拉伸方式分别为求并、求差与求交，即分别为添加材料，去除材料与求共有部分三种方式，三者的差别如图3-36（a）、图3-36（b）和图3-36（c）所示。

（2）拉伸范围指定　拉伸范围共包含距离、到表面或平面、到、介于两面之间与贯通五种方式，可通过图3-35对话框中范围区域的下拉箭头进行选择。五种拉伸范围指定方式如图3-37（a）～（f）所示。

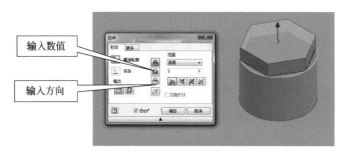

(a)距离方式（到指定的距离终止拉伸）

(b)到方式（到选定的表面终止拉伸）

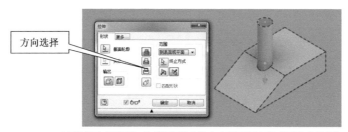

(c)到表面或平面方式（根据选定的方向遇到已有的表面终止拉伸）

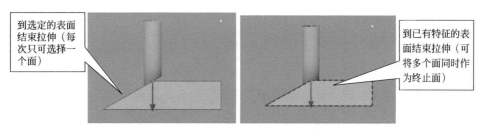

(d)"到"与"到表面或平面"方式的差别

图3-37

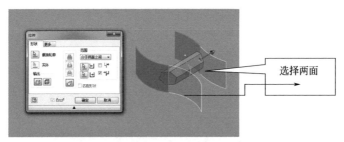

(e)介于两面之间方式（拉伸特征将在选定的两面之间创建）

(f)贯通方式（求差与求交方式时有效，拉伸可向某一方向无限进行）

图3-37　拉伸范围指定方式

（3）拉伸对话框"更多"选项卡　拉伸对话框"更多"选项卡用于指定拉伸时的角度，该角度将使拉伸的截面轮廓逐渐增大或减小，如图3-38所示。

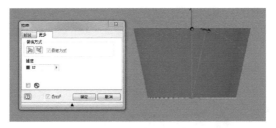

图3-38　拉伸对话框"更多"选项卡控制拉伸角度

2.旋转

旋转特征是将同一个草图中的一个或多个轮廓，以选定的直线做轴线，回转而成特征实体，也可创建曲面结果。工具面板中点击 可调用此命令，如图3-39所示。

图3-39　旋转特征

3.扫掠

通过沿选定的一个路径，扫掠一个或多个截面轮廓来创建特征，创建曲面结果。在工具面板中点击💺可调用此命令，如图3-40所示。

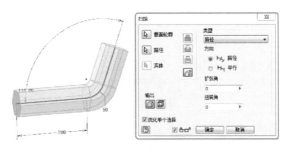

图3-40　扫掠特征

4.螺旋扫掠

螺旋扫掠是一种类弹簧的螺旋造型工具；是一种比较狭义的扫掠。点击面板中💺可调用此命令。该特征对话框共有螺旋形状、螺旋规格和螺旋端部三个选项卡。如图3-41（a）～（c）所示；螺旋扫掠效果图如图3-41（d）所示。

(a)螺旋形状　　　　(b)螺旋规格　　　　(c)螺旋端部　　　　(d)螺旋扫掠效果图

图3-41　螺旋扫掠

5.放样

放样是用两个以上的截面草图为基础，还可添加"轨道"、"中心轨道"或"区域放样"等构成要素作为辅助约束，而中间部分实现光顺而成的复杂几何结构。点击工具面板中💿可调用此命令。如图3-42（a）和图3-42（b）所示。

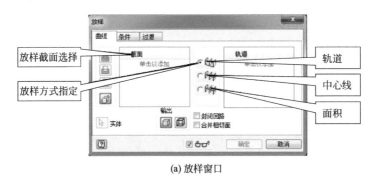

(a) 放样窗口

图3-42

(b) 放样特征

图3-42 放样

应用训练 ┄┄┄┄┄┄┄┄┄┄┄┄┄┄┄┄┄┄┄┄┄┄┄┄┄┄┄┄┄┄┄┄┄┄┄

1.拉伸练习。

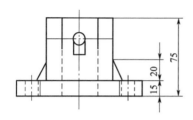

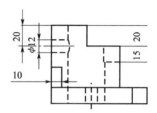

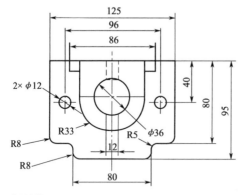

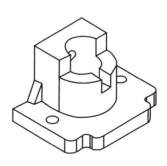

2.扫掠练习。

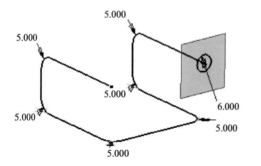

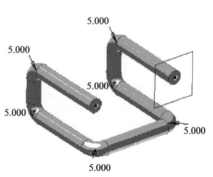

3.旋转、扫掠、贴图、凸雕综合练习。

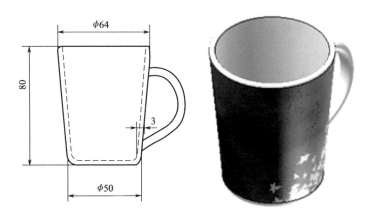

二、放置特征

放置特征是在已有实体的基础上创建的特征。放置特征工具位于工具面板"模型"选项卡的"修改"区域，包括孔、圆角、倒角、抽壳、拔模、螺纹等，如图3-43所示。

图3-43　放置特征工具

1.孔

选择草图等参考几何创建光孔、螺纹孔等特征。点击工具面板中 🖾 可调用此命令。其中，打孔的放置方式可分为从草图、线性、同心、参考点。如图3-44所示。

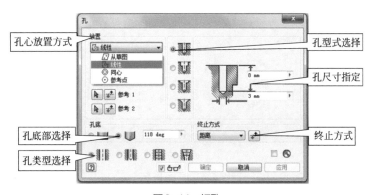

图3-44　打孔

孔心放置方式有从草图，线性，同心，参考点四种。若使用从草图方式，则在创建打孔特征前应首先绘制用于指定孔心位置的草图，如图3-45（a）所示；若使用线性方式，则应首先选择打孔表面，然后依次选择两条边作为孔心的定位参照，如图3-45(b)所示；若使用同心方式，则在选取打孔表面后，需选取某一圆或圆柱作为孔心的定位参照，即将孔心位置与圆心或圆柱的轴线重合，如图3-45（c）所示。

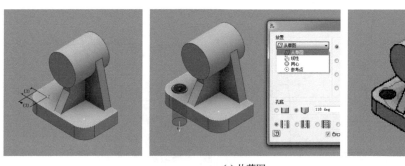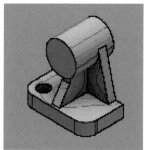

(a) 从草图

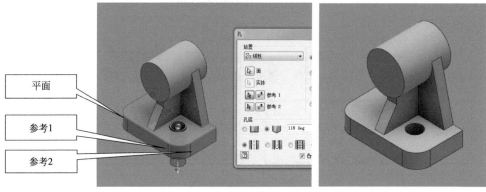

(b) 线性

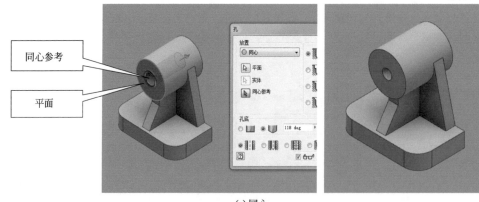

(c) 同心

图3-45　孔心放置方式

2.倒角

倒角是以现有特征实体或者曲面相交的棱边为基础，创建倒角实体的结构。点击工具面板中 可调用此命令。链选边与过渡类型如图3-46所示。

图3-46　倒角

3. 圆角

圆角是以现有特征实体或者曲面相交的棱边为基础，创建圆角实体的结构。点击工具面板中  可调用此命令。如图3-47所示。

图3-47　圆角

（1）边圆角　用于在一条或多条零件边上创建圆角，圆角可以是等半径的圆角，如图3-48（a）所示，也可以是变半径的圆角，若为变半径圆角，需要指定若干控制点来设置圆角的尺寸，如图3-48（b）所示。

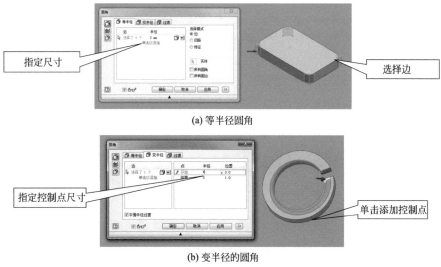

(a) 等半径圆角

(b) 变半径的圆角

图3-48　边圆角

（2）面圆角　用于在选定的两个面之间创建圆角，如图3-49所示。面圆角的尺寸可以通过对话框自行指定，也可由Inventor根据两面集间的情况自动指定。

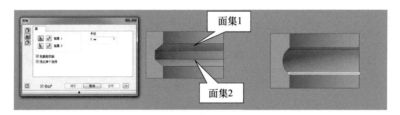

图3-49　面圆角

（3）全圆角　用于在三个相邻的面集之间创建圆角，如图3-50所示。全圆角的尺寸由Inventor根据三个面集的尺寸自动确定。

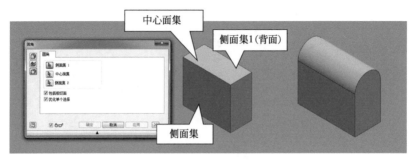

图3-50　全圆角

4.抽壳

抽壳是以现有特征为基础，形成等距面（不同面距离可以不同），创建壳状实体。点击工具面板中◙可调用此命令。

抽壳工具用于去除零件内部的材料，使零件内部成为空腔，如图3-51所示。

抽壳特征的开口面可以选择为单一表面或多个表面，如图3-52所示。

5.螺纹

使用表面贴图的形式表示螺纹特征，并无真实几何结构，但会将相关的设计数据保存在模型中。点击工具面板中的◙可调用此命令，如图3-53所示。

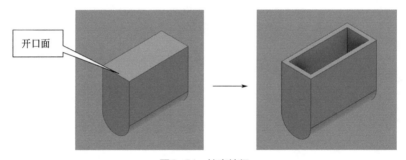

图3-51　抽壳特征

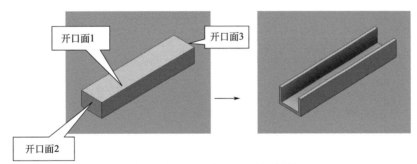

图3-52　开口面为多个表面的抽壳特征

图3-53　螺纹

螺纹工具用于在零件表面添加螺纹特征。使用螺纹工具在零件表面添加螺纹时，首先选择待添加螺纹特征的表面，接下来指定螺纹的长度及方向或选择为全螺纹，然后进入"定义"选项卡选择螺纹的类型，并指定螺纹的规格，大小等，如图3-54所示。

图3-54　螺纹位置与定义

6.分割

分割是利用分割工具（线、面、曲面）分割零件、曲面。点击工具面板中的 ⬚ 可调用此命令，如图3-55所示。

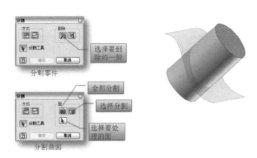

图3-55　分割

应用训练

1.绘制轨道，练习抽壳、圆角。

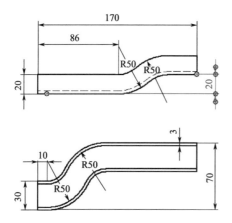

未注圆角R3

2.零件练习，练习放置特征——孔。

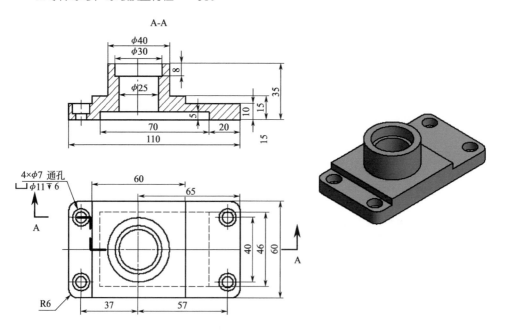

三、定位特征

定位特征是抽象的构造几何图元，当现有几何图元不足以创建和定位新特征时，可使用定位特征。

图3-56　定位特征工具

定位特征工具位于工具面板"模型"选项卡的"定位特征区域"，如图3-56所示。

1. 工作面

工作面是用户自定义的、参数化的坐标平面。

（1）工作面的作用　工作面通常的作用有：作为草绘平面、创建依附于此面的工作轴和工作点、作为特征终止面、作为装配参考面；创建依附于这个面的新草图，工作轴或工作点；提供参考，作为特征的终止面或装配的定义参考面。创建工作平面的常用方法如图3-57～图3-62所示（执行以下图示操作前，需首先点击图3-56中的"平面"按钮）。

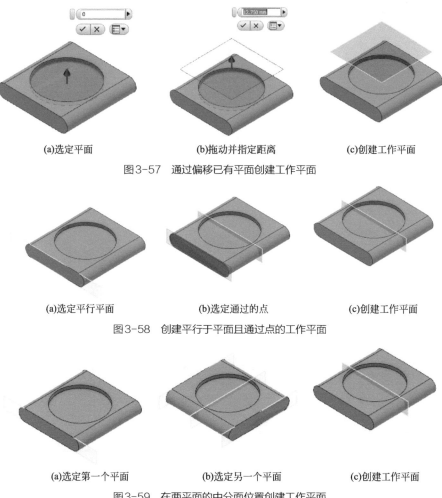

(a)选定平面　　　　　　　(b)拖动并指定距离　　　　　　(c)创建工作平面

图3-57　通过偏移已有平面创建工作平面

(a)选定平行平面　　　　　(b)选定通过的点　　　　　　(c)创建工作平面

图3-58　创建平行于平面且通过点的工作平面

(a)选定第一个平面　　　　(b)选定另一个平面　　　　　(c)创建工作平面

图3-59　在两平面的中分面位置创建工作平面

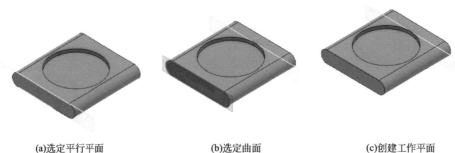

(a)选定平行平面   (b)选定曲面   (c)创建工作平面

图3-60　创建与已有平面平行并与曲面相切的工作平面

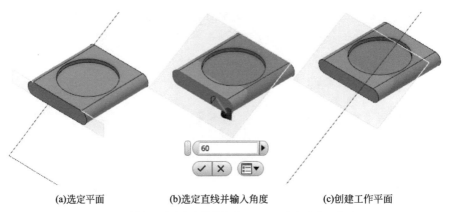

(a)选定平面   (b)选定直线并输入角度   (c)创建工作平面

图3-61　创建通过选定直线并指定平面呈一定角度的工作平面

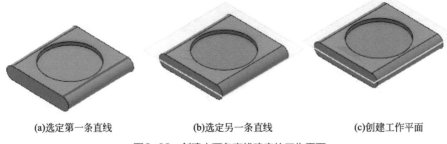

(a)选定第一条直线   (b)选定另一条直线   (c)创建工作平面

图3-62　创建由两条直线确定的工作平面

（2）工作面的创建方法　使用工具面板中的 ⬜ 可创建。
① 基于"原始坐标系"的工作面；
② 基于已有的工作面或坐标面生成平行的工作面；
③ 基于已有的特征平面生成平行的工作面；
④ 基于已有的特征平面生成一定夹角的工作面；
⑤ 基于已有特征的圆柱面生成相切的工作面；

⑥ 基于已有点和线；

⑦ 基于已有直线边；

⑧ 基于三个点；

⑨ 基于已有点和面；

⑩ 基于平行两面的对称面。

2. 工作轴

　　工作轴是依附于几何实体的几何直线，通常作为设计基准轴。工作轴的创建方法：使用工具面板中的 ⊿ 可创建基于以下几何实体的工作轴。

　　（1）基于草图线；

　　（2）基于两点；

　　（3）基于两个相交平面；

　　（4）基于点和正交平面；

　　（5）基于圆柱和圆环。

　　工作轴是依附于实体的几何直线。工作轴的主要作用有：创建工作平面和工作点，投影至草图中作为定位参考，是为旋转特征、环形阵列提供轴线，为装配约束提供参考。

　　创建工作轴的常用方法如图3-63到图3-67所示（执行以下图示操作前，需首先点击图3-56中的"轴"按钮）。

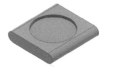
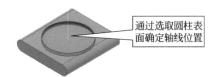

图3-63　选择已有直线创建工作轴　　　图3-64　选择圆柱面在其轴线位置创建工作轴

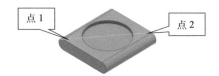

图3-65　选择两点创建工作轴

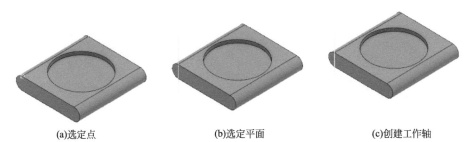

(a)选定点　　　　　　　　(b)选定平面　　　　　　　　(c)创建工作轴

图3-66　创建通过指定点并与选定的平面垂直的工作轴

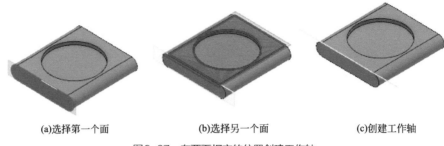

(a)选择第一个面   (b)选择另一个面   (c)创建工作轴

图3-67   在两面相交的位置创建工作轴

3.工作点

工作点是没有大小只有位置的几何点，通常可用来创建工作轴工作面，作为参考点和定义坐标系等。工作点的创建方法：使用工具面板中的 ◆ 可创建基于以下几何实体的工作点。

（1）基于一切可感应的现有点；

（2）基于两相交线；

（3）基于三个交于一点的平面；

（4）基于点和正交平面。

工作点的主要作用有：创建工作平面和工作轴、投影至草图作为定位参考、为三维草图提供参考、为装配约束提供参考。

创建工作点的常用方法如图3-68、图3-69所示（执行以下图示操作前，需首先点击图3-56中的"点"按钮）。

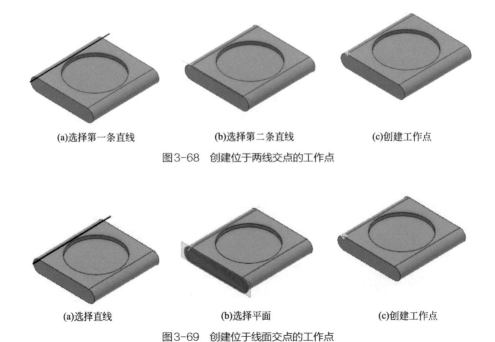

(a)选择第一条直线   (b)选择第二条直线   (c)创建工作点

图3-68   创建位于两线交点的工作点

(a)选择直线   (b)选择平面   (c)创建工作点

图3-69   创建位于线面交点的工作点

1.零件练习，练习定位特征——工作面。

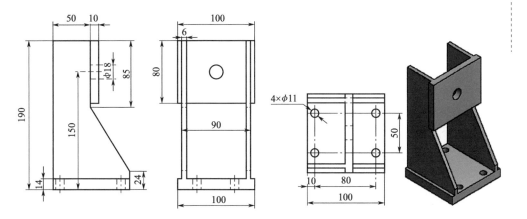

2.练习定位特征——工作轴。

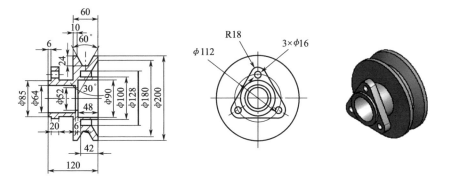

第四节　产品设计中的零部件装配技术

本节介绍对完成造型的零件进行装配成为部件，即使用Inventor完成部件装配的基本方法。

1.掌握部件环境的基本操作；

2.掌握零部件相互位置关系的约束方法；

3.掌握零部件相互运动关系的约束方法；

4.理解并掌握产品部件装配的流程与应用方法。

一、部件环境的基本操作

1.装配环境

装配环境如图3-70所示。

图3-70　装配环境

2.装入零部件和创建零部件

在工具面板中单击 ，可装入已经建立好的零件和子装配，如图3-71。

图3-71　装入零部件

　　图3-72中的部件环境可理解为一个空白的，不包含任何零部件的装配环境。若要继续进行部件装配，首先应在该环境中装入待装配的零部件。使用Inventor 2016进行部件装配时，通常使用工具面板的"放置"功能按钮和在资源管理器中直接拖入两种方式装入零部件。

图3-72　进入部件环境

　　使用工具面板的"放置"功能按钮装入零部件时，首先点击工具面板"装配"选项卡中的"放置"按钮，打开"装入零部件"对话框，查找并选中需要装入的零部件，点击"打开"按钮，所选取的零部件将随光标进入部件环境，将其放置到大致位置后左击确认（Inventor 2016会将第一个进入部件的零部件放置在默认的位置，无需通过此步自行确定其位置，若需将同一个零件多次装入部件，此步骤可多次点击），然后右击选择右键菜单中的"完毕"完成零部件的装入操作，如图3-73所示。

(a)点击放置按钮　　　　(b)浏览选中零部件并点击打开　　　　(c)放置后右击选择完毕

图3-73　使用放置按钮装入零部件

应用训练

练习装配环境下零部件的基本操作。

二、约束

　　装入零部件后，应通过添加约束的方式指定零部件之间的位置关系及运动关系，从而完成部件装配。为保证部件装配工作有序进行，通常先添加指定零部件间位置关系约束，再添加指定零部件间运动关系的约束。

1.位置关系约束

　　基本约束工具位于工具面板"装配"选项卡下。点击该功能按钮，打开"约束"对话框，约束对话框提供了配合、角度、相切与插入四种位置约束，用于定义零部件间的位置关系，如图3-74所示。

图3-74 约束功能按钮与对话框

（1）配合

① 可使两个零件的面贴合、平齐或按指定距离平行；

② 可使一个零件的线在另一个零件的面上；

③ 可使一个零件的点在另一个零件的线或面上；

④ 可使两个零件的线平行或重合；

⑤ 可使两个零件的点重合。

配合约束常用于使来自不同零件的两个表面以"面对面"或"肩并肩"的方式结合在一起，以及使来自不同零件的回转体特征的轴线重合在一起，也可用于将不同零件上的点或线重合。

图3-75（a₁）和图3-75（a₂）中，配合约束使合页的两个端面以"面对面"的方式结合在一起；图3-75（b₁）和图3-75（b₂）中配合约束使铰链的端面与合页的端面以"肩并肩"的方式结合在一起；图3-75（c₁）和图3-75（c₂）中，配合约束使铰链的轴线与合页孔的轴线重合在一起。

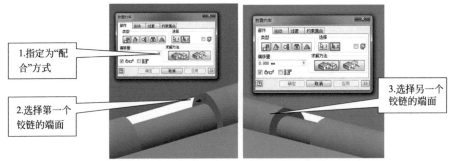

(a₁) 依次选择两个端面应用配合约束

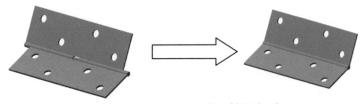

(a₂) 合页的两个端面以面对面的方式结合在一起

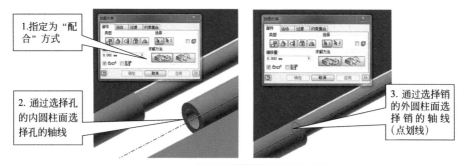

(b₁) 依次孔与销的轴线应用配合约束

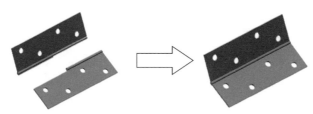

(b₂) 铰链的端面与合页的端面以肩并肩的方式结合

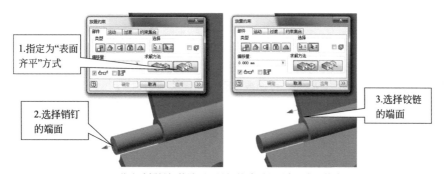

(c₁) 依次选择销钉的端面与铰链的端面应用表面齐平约束

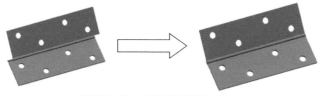

(c₂) 铰链的轴线与合页孔的轴线重合在一起

图3-75　配合约束

（2）角度

① 可使两个零件的平面成指定夹角；

② 可使一个零件的线与另一个零件的面的法线成一定夹角；

③ 可使两个零件的线成指定夹角。

如图3-76中，依次选择铰链的两个表面应用值为0deg的定向角度约束。

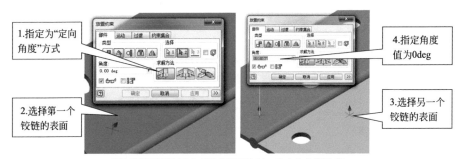

依次选择铰链的两个表面应用值为0deg的定向角度约束

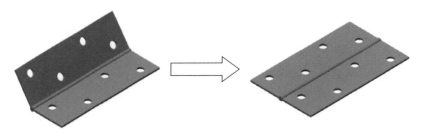

图3-76　角度约束

（3）相切

① 可使两个零件的曲面（柱面、球面、锥面）相切；

② 可使一个零件的平面与另一零件的曲面相切。

相切约束用来使平面，柱面，锥面或球面之间保持相切约束。

如图3-77中，相切约束使销钉的外圆柱表面内切于铰链孔的内圆柱表面。

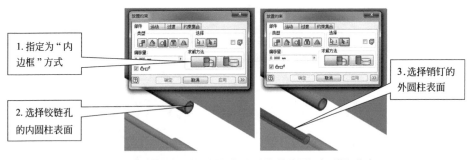

依次选择铰链孔的内圆柱表面和销钉的外圆柱表面相切约束

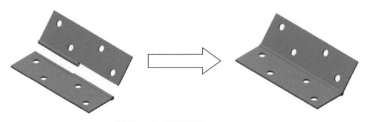

图3-77　相切约束

（4）插入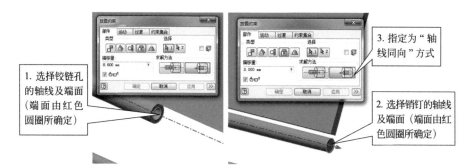

插入是两个零件面面重合与轴对齐的组合。如图3-78中，依次选择铰链孔的轴线及端面和销钉的轴线及端面，指定为"轴线同向"方式。

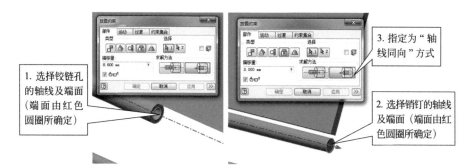

依次选择铰链孔的轴线及端面和销钉的轴线及端面，指定为"轴线同向"方式

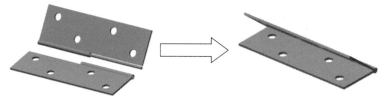

图3-78　插入约束

应用训练

1.练习装配合页，练习配合、角度、相切、插入等位置约束。

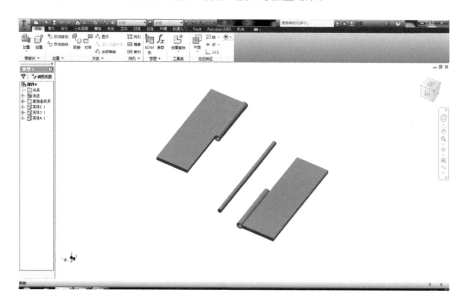

2.练习夹紧卡爪的装配。

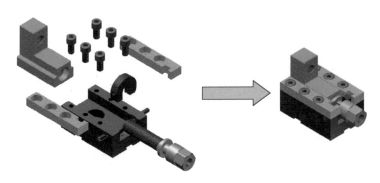

第五节　表达视图

任务描述

　　Inventor表达视图模块用于创建部件的爆炸图，并将零部件的装拆过程以三维的、动态的形式予以表达。本章将介绍表达视图的作用及使用表达视图模块创建零部件装拆过程动画的方法。

学习目标

　　1.了解表达视图的作用；
　　2.掌握表达视图的创建方法。

基础知识

一、表达视图介绍

　　表达视图应该称为分解视图，是对已有的三维装配模型爆炸视图或动画演示模型的装配过程。表达视图文件的扩展名为ipn。如图3-79所示。

二、创建表达视图的一般流程

1.调整零件位置

工具面板中单击 ，可以定义零件移动和转动。如图3-80所示。

图3-79　表达视图介绍

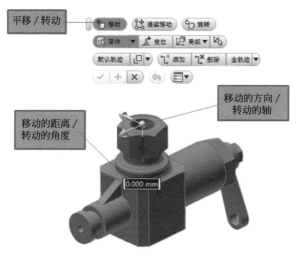

图3-80　调整零件位置

2.调整动作的顺序

将浏览器调整为顺序视图，通过鼠标拖动来改变顺序。如图3-81所示。

3.合并动作

在顺序视图中，选择要合并的动作。右键菜单选择"组合顺序"。如图3-82所示。

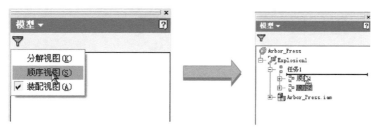

图3-81　调整动作顺序

4.调整动作的镜头

每个动作都可以有自己的观察角度和显示大小。Inventor会自动处理镜头的切换。选择一个动作，右键菜单中选择"编辑"，在图形区调整视图，然后点击"设置照相机"。如图3-83所示。

图3-82　合并动作　　　　　　　　图3-83　调整动作的镜头

5.播放、录制动画

工具面板中单击🔧，可调用此命令。如图3-84所示。

图3-84　动画制作

制作表达视图动画。

第六节　工程图

任务描述

工程图是表达产品信息的主要媒介，是工程界的"语言"。本章将介绍Inventor工程图模块的基本使用方法。

基础知识

一、工程图视图

1.基础视图

（1）创建基础视图　在工程图视图面板中单击▦。创建工程图的第一个视图，需依托于零件或装配模型，如图3-85和图3-86所示。

图3-85　选择零件

图3-86　选择装配

基础视图是工程图中的第一个视图，是生成其他视图的基础。

创建基础视图的方法为：新建工程图文件（模板为"Standard.idw"）。单击工具面板"放置视图"选项卡中的"基础视图"功能按钮，打开"工程视图"对话框，通过该对话框，可选取用于创建基础视图的零部件文件，选择基础视图的观察方向，缩放比例及显示方式等。图中视图显示方式共提供三个按钮，从左至右分别为显示隐藏线按钮，不显示隐藏线按钮和着色按钮，前二者均可与后者配合使用共同确定四种显示方式。如图3-87所示。

设置完成后，视图可跟随鼠标在图形区移动，在恰当的位置左击，便可完成基础视图的创建。此时，再移动鼠标，Inventor 2016可根据投影关系继续创建其他视图。若需要，左击可完成其他视图的创建；若不需要，点击右键选择右键菜单中

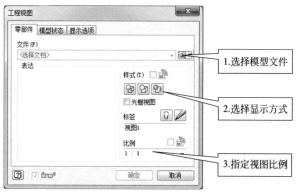

图3-87　"工程视图"对话框

的"完成"或按 Esc 键可放弃其他视图的创建。

（2）基础视图的设置　基础视图可设置并
显示比例，三种显示方式分别为：显示隐藏线、
不显示隐藏线、着色；前两种可以和后一种结
合使用。如图3-88所示。

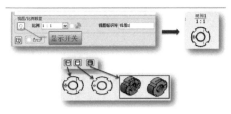

图3-88　基础视图的设置

2.投影视图

投影视图是在现有某视图基础上创建的关
联视图。可以做出正投影，也可以做出东北、东南、西北、西南四个方向的轴侧投影。在
工程图视图面板中单击🔳，选择现有视图即可创建。如图3-89所示。

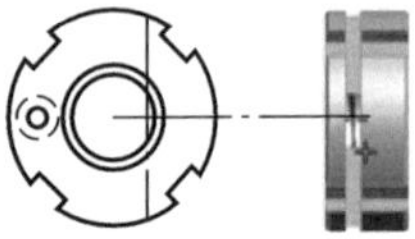

（1）打开工程图文件"投影视图.idw"。

（2）单击工具面板放置视图选项卡中的"投影视图"功能按
钮，左击选中图形区待投影的视图，拖动并在适当的位置左击以创
建投影视图（拖动的方向不同，投影得到的结果也会有所不同）。

图3-89　投影视图

（3）放置完所有投影视图后右击，选择右键菜单中的"创建"
完成投影视图的创建。

使用投影视图工具创建的正交视图，其显示方式即视图样式以及视图比例将与基础视
图保持一致，基础视图为显示隐藏线且不着色的显示方式，视图比例为1：1，则通过投
影得到的俯视图与左视图也将继承这种样式与比例。若需更改，可在投影得到的视图（俯
视图，左视图）上双击，打开"工程视图"对话框，去除显示方式或视图比例前的"与基
础视图样式一致"勾选符号，并根据需要调整视图的显示方式。

3.斜视图

斜视图可以看作是机械设计中的向视图，在工程图视图面板中单击🔩，选择现有视图
和现有视图上与投影方向平行或垂直的图线（不能选择草图线和中心线）。如图3-90所示。

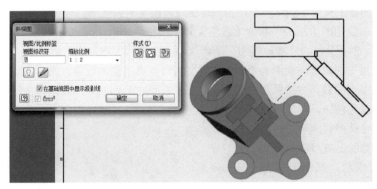

图3-90　斜视图

（1）打开工程图文件"斜视图.idw"。

（2）单击工具面板放置视图选项卡中的"斜视图"功能按钮，左击选中用于创建斜视
图的俯视图，在"斜视图"对话框中完成相应的设置（如比例，显示方式等）。

（3）选择俯视图上的几何图元作为斜视图的投影方向，此时可向垂直或平行于选中的
几何图元的方向拖动以创建不同方向的斜视图。

（4）移动鼠标将斜视图放置在适当的位置后左击确认，完成斜视图的创建。

4.剖视图

在工程图视图面板单击 ，选择现有视图，在现有视图上绘制剖切线，在右键菜单中点击"继续"后用鼠标点击放置剖视图。在对装配图生成剖视图时，默认标准件不剖。如图3-91所示。

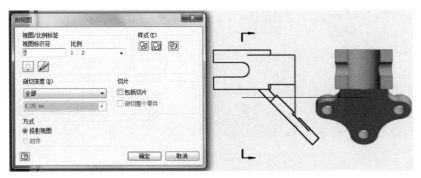

图3-91　剖视图

（1）单击工具面板"放置视图"选项卡中的"剖视"图标按钮，移动鼠标至零件俯视图的中心位置，捕捉零件中心孔的圆心（跟随鼠标的黄色圆点变为绿色时表明捕捉成功），然后将鼠标沿由圆心出发的水平线（虚线）移至视图左侧，左击确定剖切面的第一点，再次沿虚线移动鼠标至视图右侧，左击创建剖切面的第二点，完成剖切面位置的指定。

（2）右击，选择右键菜单中的"继续"，在打开的"剖视图"对话框中完成相应的设置（如比例，显示方式，剖切深度等，此例中保持默认即可），并在图形区中移动鼠标将剖视图带到合适的位置后左击，完成全剖视图的创建。

5.局部视图

在工程图视图面板单击 ，选择现有视图，拾取确认未来圆形或者矩形区域的中心点位置、移动光标确定区域大小后拾取；移动鼠标点击放置局部视图。如图3-92所示。

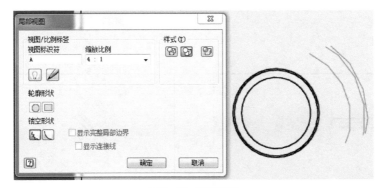

图3-92　局部视图

局部视图即局部放大图，将零部件的部分结构用大于原图形所采用的比例绘出，以更好的表达零部件上尺寸相对比较小的结构。

6.断裂画法

断裂画法即对较长截面模型的现有视图进行断裂画法修饰，不产生新的视图。在工程图视图面板单击 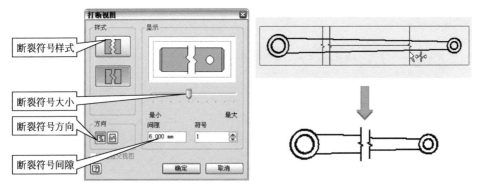，选择现有视图，用光标选择断裂的起点和中点。如图3-93所示。

图3-93　断裂画法

图3-94　局部剖视图

较长的机件（如轴，杆，连杆等）沿长度方向的形状一致或按一定规律变化时，可使用断裂画法绘制以省略重复部分，使其符合工程图幅面大小的要求。采用断裂画法绘制的视图，尽管图上的尺寸有所变化，但其尺寸信息仍与断裂前一致。

7.局部剖视图

在工程图视图面板单击 ，可启动命令。如图3-94所示。

局部剖视图用于表达指定区域的内部结构。

应用训练

1.练习基础视图和投影视图。

2.练习斜视图。

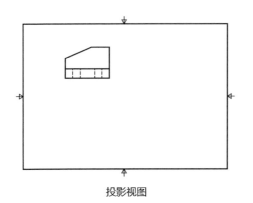

投影视图

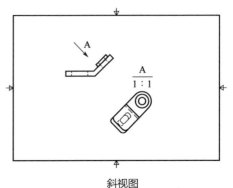

斜视图

3.练习剖视图。

4.练习局部视图。

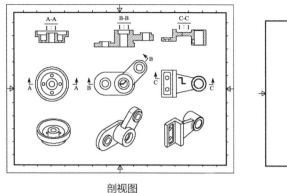

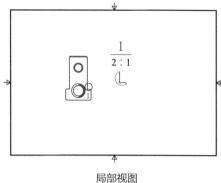

剖视图　　　　　　　　　　　　　　局部视图

5.练习断裂画法。

6.练习局部剖视图。

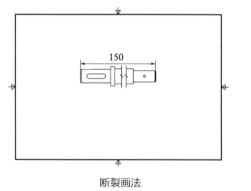

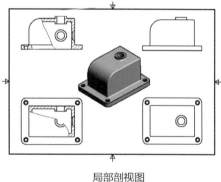

断裂画法　　　　　　　　　　　　　局部剖视图

二、工程图标注

　　工程图除表达零部件形状之外，还需表达零部件的大小及各组成要素的方向和位置，因此标注是工程图的重要组成部分。如图3-95所示。

图3-95　工程图标注面板

1.中心线

Inventor提供自动和手动两种方式添加工程图中的中心线。

手动中心线有4种类型。

（1）中心标记╬　选定圆或者圆弧，将自动创建十字中心标记线。如图3-96所示。

用于创建选定的圆弧或圆的中心标记。使用时首先单击该功能按钮，然后选择圆弧或圆，完成中心标记的创建。

（2）中心线 选择两个点，手动绘制中心线。如图3-97所示。

常用于添加回转体轴线与孔的中心线。使用时首先单击该功能按钮，然后依次指定两点或孔，完成中心线的创建。

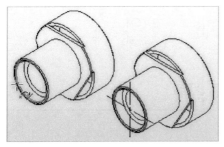

图3-96 中心标记

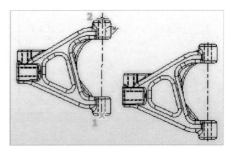

图3-97 中心线

（3）对称中心线 选定两条线，将创建它们的对称线。如图3-98所示。

用于创建两条边的对称中心线。使用时首先单击该功能按钮，然后依次指定两条边，完成对称中心线的创建。

（4）环形阵列 为环形阵列特征创建中心线。如图3-99所示。

用于创建特征阵列的环形中心线，使用时首先单击该图标按钮，指定阵列中心，然后选择阵列后的对象，完成环形阵列特征中心线的创建。

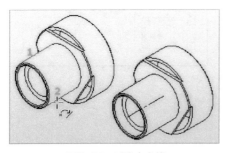

图3-98 对称中心线

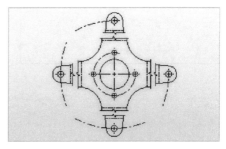

图3-99 环形阵列

2.通用尺寸

在工程图标注面板中单击 。可标注的尺寸有：

（1）为选定图线添加线性尺寸；

（2）为点与点、线与线或线与点之间添加线性尺寸；

（3）为选定圆弧或圆形图线标注半径或直径尺寸；

（4）选两条直线标注角度；

（5）虚交点尺寸。

"通用尺寸"功能按钮位于工具面板的"标注"选项卡的"尺寸"区域，如图3-100（a）所示，可用于标注线性尺寸，圆形尺寸，角度尺寸等，如图3-100（b）所示。通用尺寸工具的使用方法与草图环境中添加尺寸约束的方法相类似。

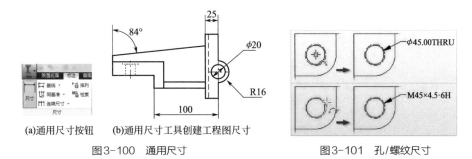

(a)通用尺寸按钮　(b)通用尺寸工具创建工程图尺寸

图3-100　通用尺寸

图3-101　孔/螺纹尺寸

3.孔/螺纹尺寸和倒角尺寸

（1）孔/螺纹尺寸　在工程图标注面板中单击 。标注零件中使用"孔"特征或者"螺纹"特征所创建的特征。如图3-101所示。

"孔和螺纹"功能按钮位于工具面板的"标注"选项卡的特征注释区域，使用时首先点击该按钮，如图3-102（a）所示；然后选中需要标注的孔或螺纹特征，将鼠标拖至适当的位置左击完成孔和螺纹的注释，如图3-102（b）所示。

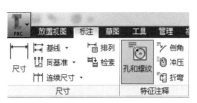

(a)孔和螺纹工具按钮　　　　　　(b)孔和螺纹注释工具创建工程图注释

图3-102　孔和螺纹尺寸

（2）倒角尺寸　在工程图标注面板中单击 ，选择倒角的两条边，创建倒角注释。如图3-103所示。

"倒角"功能按钮位于工具面板的"标注"选项卡的特征注释区域，如图3-104（a）所示。使用时首先点击该按钮，然后选择倒角的两条边，将鼠标拖至适当位置左击完成倒角的注释，如图3-104（b）所示。

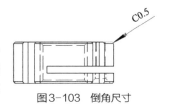

图3-103　倒角尺寸

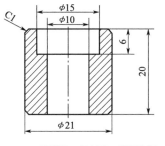

(a)倒角工具按钮　　　　　(b)倒角工具创建工程图注释

图3-104　倒角尺寸

4. 表面粗糙度符号

在工程图标注面板中单击 √。如图3-105所示。

图3-105 表面粗糙度符号

具体操作步骤如图3-106（a）～（e）所示，首先左击"粗糙度"功能按钮，粗糙度符号将跟随鼠标进入图形区，选择视图中恰当的位置放置粗糙度符号，此时可再次左击确定粗糙度符号指引线的控制点，也可右击选择"继续"进入"表面粗糙度符号"对话框，在对话框中选择表面类型并输入表面粗糙度的值，确定完成表面粗糙度符号的创建。

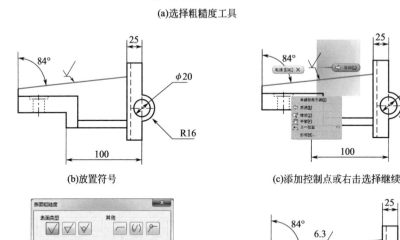

(a)选择粗糙度工具

(b)放置符号

(c)添加控制点或右击选择继续

(d)选择表面类型并填入数值

(e)完成创建

图3-106 创建表面粗糙度符号

应用训练

1.进行如下图所示的标注练习。

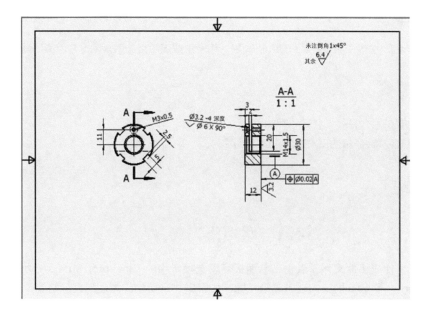

2.如下图所示进行标注练习。

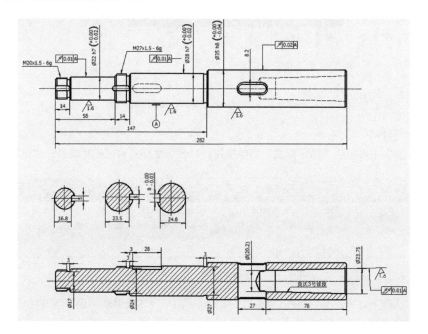

第七节　产品渲染

 任务描述

Inventor中集成有Inventor Studio模块，用于生成高质量的渲染图像与渲染动画。

学习目标

1.掌握场景、灯光、材质与照相机设置；
2.熟练生成高质量的渲染图像与渲染动画。

基础知识

一、场景、灯光、材质与照相机设置

打开零件或部件文件，点击工具面板环境选项卡中的"Inventor Studio"功能按钮可启动Inventor Studio模块，进入渲染环境，如图3-107所示。为达到良好的渲染效果，应首先使用工具面板渲染选项卡"场景"区域中的各工具，进行场景，灯光，材质等内容的设置。

图3-107　Inventor Studio 功能按钮

1.场景样式

点击图3-108中的"场景样式"功能按钮，打开场景样式对话框对场景样式进行设置。

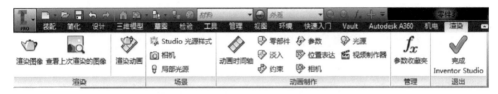

图3-108　场景，灯光，材质等设置工具

默认状态下，Inventor 2016提供了"XY地平面""XY反射地平面"等9种场景样式，可直接选择使用，或以这些场景样式为基础进行编辑后使用。如图3-109（a）所示，场景样式对话框左侧的浏览器用于选择已有的样式；背景选项卡用于指定场景的背景，如纯

色背景，渐变色背景，或选择某一图像作为背景等；环境选项卡则用于指定场景中地平面的方向与位置、阴影、反射效果以及图像。

　　注意：若在图3-109（b）中指定了反射图像，则产品具有反射效果材质的部分将可以看到图片中的内容，因此应注意反射图像的选取与产品的应用环境相符。

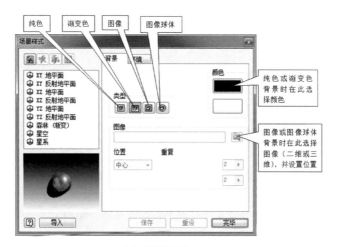

（a）背景选项卡

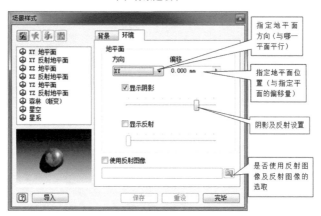

（b）环境选项卡

图3-109　场景样式对话框

2.光源样式

渲染环境中的光源可分为全局光源与局部光源两种。

　　全局光源用于整个产品模型，点击图3-108中的"光源样式"功能按钮，打开光源样式对话框对光源样式进行设置。

　　默认状态下，Inventor 2016 提供了"安全光源""店内光源"等17种光源样式，可直接选择使用，或以这些光源样式为基础进行编辑后使用。如图3-110所示，光源对话框左侧的浏览器用于选择已有的样式，右侧的各选项卡用于调整选定的光源样式。

　　以安全光源为例，该光源包含北，东，南，西四盏灯。

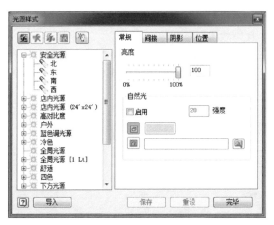

图3-110 光源样式对话框

选中浏览器中"安全光源"后，可通过"常规""间接""阴影""位置"四个选项卡对安全光源整体进行调整。"常规"选项卡用于调整亮度及环境自然光的参数，如图3-111中（a）所示；"间接"选项卡用于设置反射光参数，如图3-111中（b）所示；"阴影"选项卡用于指定阴影的类型、质量、密度等参数，如图3-111中（c）所示；"位置"选项卡用于指定光源整体照射的方向（点或平面），光源的比例以及光源所在的位置，如图3-111中（d）所示。

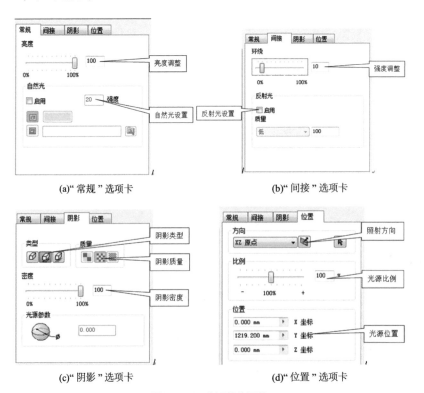

图3-111 光源整体调整

展开图3–110浏览器中的安全光源，选中北、东、南、西四盏灯中的任意一盏，可通过"常规"、"照明"、"阴影"和"平行光"（或"点光源"、"聚光灯"）四个选项卡对该盏灯光进行单独的调整。"常规"选项卡用于控制灯光的开闭，类型，并大致指定所在位置，照射方向等，如图3–112（a）所示；"照明"选项卡用于指定灯光的颜色与强度，如图3–112（b）所示；"阴影"选项卡用于指定阴影的类型、质量、密度等参数，如图3–112（c）所示；"平行光"、"点光源"或"聚光灯"与所选灯光的类型有关，用于精确指定灯光的位置，照射方向等，如图3–112（d）所示。

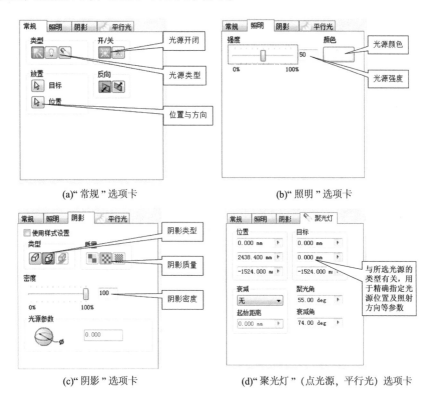

(a)"常规"选项卡　　　　　　　　(b)"照明"选项卡

(c)"阴影"选项卡　　　　　　　　(d)"聚光灯"（点光源，平行光）选项卡

图3-112　光源单独调整

需要注意的是光源的位置及照射方向也可直接在图形区中调整。图3–113为一类型聚光灯的光源，圆锥形符号表示聚光灯所在的位置，方形符号表示聚光灯的照射方向。点击符号，即可通过图形区中的三维坐标拖动调整聚光灯的位置及照射方向。

图3-113　聚光灯位置及照射方向调整

Inventor Studio 环境中还可根据需要放置局部光源。用于创建局部光源的功能按钮位于工具面板渲染选项卡下的场景区域，点击该按钮打开"局部光源"对话框，然后在图形区中放置光源，并在对话框中配置相关参数，可完成局部光源的添加。

3．照相机

照相机用于确定渲染图像或渲染动画的拍摄视角。点击图3-108中的"相机"功能按钮打开照相机对话框，在图形区中指定照相机的拍摄目标及所在位置（与创建聚光灯光源的方法相似），并在对话框中设置相应的参数，即可完成照相机的创建，如图3-114所示。

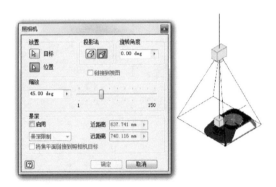

图3-114   使用相机工具创建照相机

也可从调整完成的视图中创建照相机。如图3-115所示，首先在图形区中将产品模型调整至合适的视角，然后选中浏览器中的"照相机"并右击，选择右键菜单中的"从视图创建照相机"，直接完成照相机的创建。该照相机拍摄的视角为此时图形区中的视角。

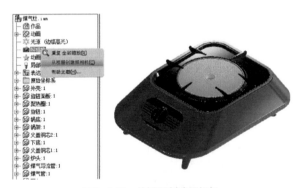

图3-115   从视图创建照相机

二、渲染图像

完成上述场景，灯光，材质与照相机设置后，可进行渲染图像的生成。

点击图3-108中工具面板"渲染"选项卡下的"渲染图像"功能按钮，打开渲染图像对话框，如图3-116（a）所示。首先在"常规"选项卡中指定渲染图像的像素，并选取已完成设置的照相机，光源样式以及场景样式，如图3-116（b）所示；然后进入"输出"

选项卡中指定渲染图像的保存路径及反走样选项（四个按钮中自左向右效果依次增强），如图3-116（c）所示；配置完成后，点击对话框中的"渲染"按钮，等待渲染结束后保存图像，完成渲染图像的生成，如图3-116（d）所示。

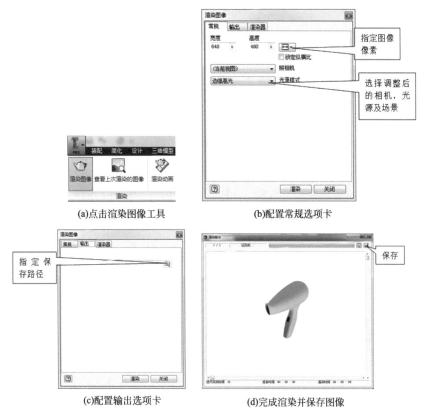

(a)点击渲染图像工具 　　　(b)配置常规选项卡

(c)配置输出选项卡 　　　(d)完成渲染并保存图像

图3-116　输出渲染图像

三、渲染动画

录制部件工作过程动画的方法，Inventor Studio 模块中，可在此基础上生成渲染动画。故录制渲染动画前的部件模型，应首先添加相关约束，然后设置场景，灯光，材质等内容，配置动画时间轴，最后完成动画生成。

1.动画时间轴

动画时间轴用于控制整个动画的时长、度、各步动作在动画中的起始和结束时间，以及动画过程中照相机的位置等内容。

点击图3-108中工具面板渲染选项卡下动画制作区域的"动画时间轴"功能按钮，如图3-117（a）所示；打开动画时间轴，点击"动画选项"按钮对动画进行整体设置，如图3-117（b）所示；可在打开的对话框中设置动画的时长，速度等，如图3-117（c）所示。这里将动画的时长调整为30.0秒，速度保持其默认设置。

(a)点击动画时间轴

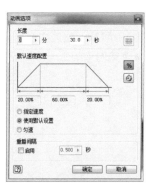

(b)打开时间轴并点击动画选项

(c)设置动画时长与速度

图3-117　动画整体设置

　　接下来，通过类似驱动约束的方式设置动画中的各动作。展开浏览器，选中相关的约束并右击，选择右键菜单中的"约束动画制作"，如图3-118（a）所示，并在打开的对话框中设置该约束的动作范围与动作时间，如图3-118（b）所示。

(a)选中约束并选中约束动画制作

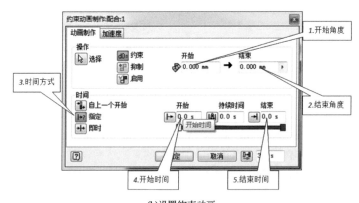

(b)设置约束动画

图3-118　各步动作添加

　　点击动画时间轴上的"展开操作编辑器"按钮可展开动画时间轴对话框，查看或编辑各步动作。悬停在右侧某一蓝色动作控制条（控制条与左侧浏览器中的约束相对应）上方，可查看动作参数；拖动动作控制条端点，可调整动作时间；选中动作控制条并右击，可进行编辑，删除等操作。如图3-119中（a）~（d）所示。

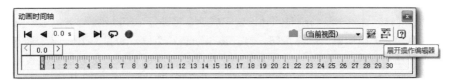

(a)点击展开操作编辑器

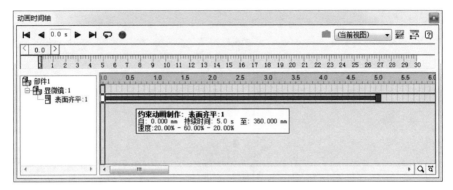

(b)悬停以查看动作

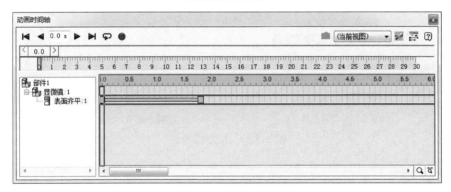

(c)拖动端点以调整动作时间

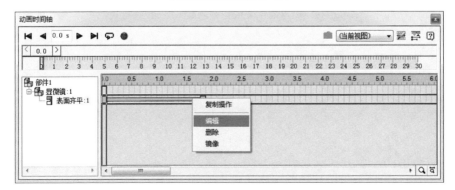

(d)选中右击进行编辑, 删除等操作

图3-119　各步动作调整

2.动画生成

场景、灯光、材质以及动画时间轴设置完成后，可进行渲染动画的生成。点击3-108工具面板中的"渲染动画"工具按钮，打开渲染动画对话框，如图3-108（a）所示。与渲染图像对话框相似，"常规"选项卡用于指定渲染动画的像素，选取已完成设置的照相机，光源样式以及场景样式；"输出"选项卡用于指定视频文件的保存路径、时长、反走样等级、帧频等。配置完成后，点击对话框右下方的渲染按钮进行动画的生成，如图3-120（b）所示。

(a)点击渲染动画工具　　　　　　　　(b)输出选项卡

图3-120　生成渲染动画

应用训练

启动Inventor Studio模块，进入渲染环境，对场景，灯光，材质与照相机进行设置；进行图像渲染与动画渲染。

第四章　产品数字资料重建实例

第一节　电吹风的制作

任务描述

　　本实例讲述的是用Autodesk Inventor软件设计制作电吹风的过程，主要通过旋转、拉伸、放样等命令设计出模型的整体轮廓，再通过分割、加厚等命令设计制作出产品最终模型。

学习目标

　　1. 了解Autodesk Inventor多实体建模的过程；

　　2. 熟练掌握Autodesk Inventor软件中旋转、拉伸、放样、分割、加厚等命令的使用；

　　3. 电吹风最终模型及浏览器如图4-1所示。

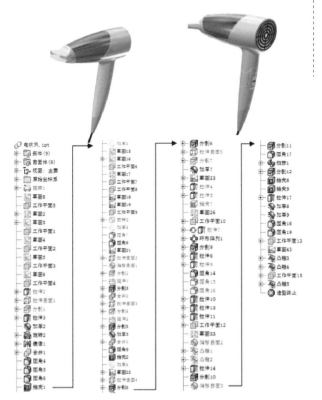

图4-1　电吹风零件模型及浏览器

制作过程

第1步　点击新建 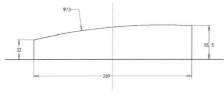，打开零件 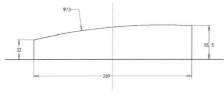；按如图4-2所示创建草图，完成草图的创建。

图4-2　草图样式

第2步　草图完成后点击创建内旋转命令；点击旋转按钮 ，再点击 截面轮廓 选择需要旋转的截面，再点击 旋转轴 进行旋转，如图4-3所示。

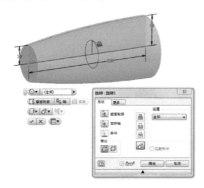

图4-3　旋转样式

第3步　在如图4-2的平面上创建草图，草图样式如图4-4所示，完成草图的绘制。

第4步　在创建区域内点击 拉伸 按钮，在拉伸对话框中点击截面轮廓，选择图4-4中的草图进行拉伸，在拉伸对话框中点击范围内的贯通选项 贯通 ，使后面有斜度，如图4-5所示。

第5步　点击定位特征内的平面按钮 平面 ，先选择如图4-6的草图中线段上的点，再选择线段来创建4个平面，平面样式如图4-7所示。

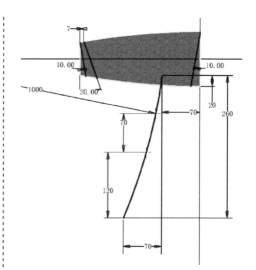

图4-4　草图样式

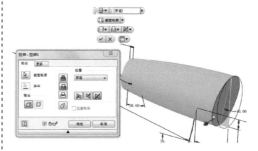

图4-5　拉伸样式

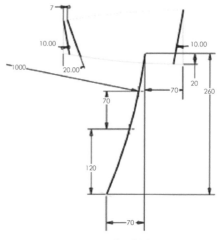

图4-6　草图样式

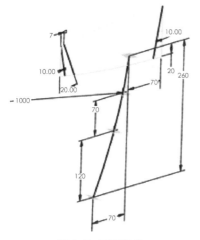

图4-7　平面样式

第6步　在创建的平面上分别绘制草图，草图样式如图4-8所示。

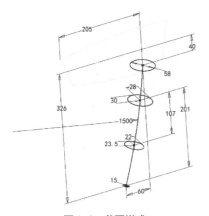

图4-8　草图样式

第7步　点击创建内的放样命令，点击前面创建的截面，创建手柄样式，如图4-9所示。

图4-9　放样样式

第8步　在创建区域内点击![拉伸]按钮，在拉伸对话框中点击截面轮廓，选择图4-4中的草图，选择输出内的曲面选项![曲面]，拉伸出一个曲面，如图4-10所示。

图4-10　拉伸曲面样式

第9步　点击修改内的分割按钮选择![分割实体]按钮，使用图4-10曲面进行分割如图4-11。

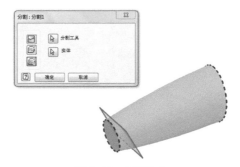

图4-11　分割样式

第10步　在如图4-12所示的平面上创建草图。

第11步　在创建区域内点击![拉伸]按钮，在拉伸对话框中点击截面轮廓，选择图4-12中的草图进行拉伸，如图4-13所示。

图4-12　草图样式

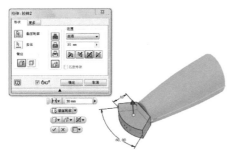

图4-13　拉伸样式

第12步　点击菜单栏内修改中 加厚/偏移 按钮，点击需要加厚的面进行加厚，如图4-14所示。

图4-14　加厚样式

第13步　在如图4-15所示的平面上创建草图。

第14步　使用图4-15的草图进行旋转，点击创建内的 旋转 按钮，在旋转对话框中点击 求差 ，如图4-16所示。

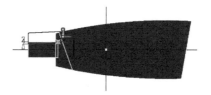

图4-15　草图样式

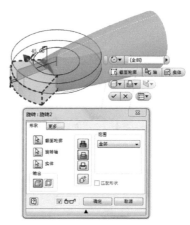

图4-16　旋转样式

第15步　点击阵列内 镜像 按钮，在镜像对话框中点击 特征 按钮选择图4-16旋转特征，再点击 镜像平面 选择中心平面，进行镜像，如图4-17所示。

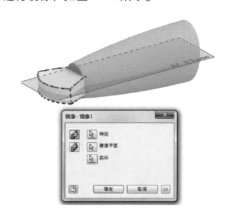

图4-17　镜像样式

第16步　点击修改内的 合并 按钮，点击 基础视图 ，选择吹风机嘴，点击 工具体(1) ，选择另一个实体，将如图4-18中两个实体进行合并。

图4-18　合并样式

第17步　将锐边给上圆角，圆角特征如图4-19（a）为20mm和图4-19（b）为7mm所示。

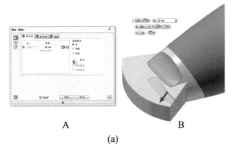

(a)

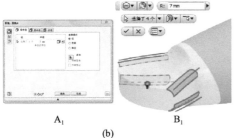

(b)

图4-19　圆角样式

第18步　点击修改内的 抽壳 按钮，将鱼嘴出风口进行抽壳，如图4-20所示。

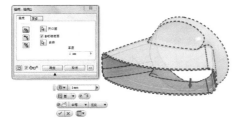

图4-20　抽壳样式

第19步　点击修改内的 加厚/偏移 按钮，如图4-21所示。

图4-21　加厚样式

第20步　在如图4-22所示的图上进行圆角，半径为20mm。

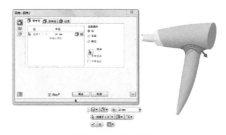

图4-22　圆角样式

第21步　点击修改内的 加厚/偏移 按钮，在对话框输出选项中点击 曲面 ，距离为2mm，进行加厚偏移曲面，如图4-23所示，完成加厚曲面的创建。

图4-23　加厚曲面样式

第22步　在如图4-24的平面上创建草图。

第23步　点击修改内分割按钮，选择图4-24所示的草图进行分割，点击分割对话框中 分割实体 ，如图4-25所示，完成分割的创建。

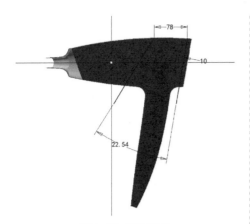

图4-24　草图样式

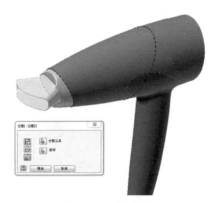

图4-27　分割样式

图4-25　分割样式

　　第24步　点击曲面的■延伸按钮，点击曲面要延伸的边进行延伸，如图4-26所示，完成曲面延伸的创建。

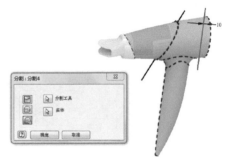

图4-28　分割样式

　　第27步　点击修改内的合并按钮，将主体前半部与主体后半部进行合并，如图4-29所示。

图4-26　延伸样式

　　第25步　点击修改内的分割，使用图4-26所示的曲面进行分割，使主体变成两个实体，如图4-27所示，完成分割的创建。

　　第26步　点击修改内的修改分割按钮，使用图4-24所示的草图样式进行分割，去掉外壳的前半部分，如图4-28所示，完成分割的创建。

图4-29　合并样式

　　第28步　点击曲面内延伸按钮，将需要延伸的边进行延伸，如图4-30所示，完成曲面的延伸。

图4-30 延伸样式

第29步 点击修改的分割按钮,将后罩分割成两个实体,如图4-31所示,完成分割的创建。

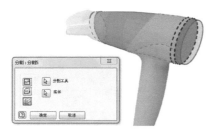

图4-31 分割样式

第30步 点击修改内的加厚按钮,选择如图4-32所示的截面进行加厚,距离为3mm,完成加厚的创建。

图4-32 加厚样式

第31步 点击修改内合并按钮,将后盖边框与主体合并,如图4-33所示,完成合并的创建。

第32步 点击修改内的圆角按钮,点击如图4-34所示的后罩的边缘创建半径为3mm圆角,完成圆角的创建。

第33步 点击修改内的抽壳按钮,将后罩进行抽壳,厚度为2mm,如图4-35所示,完成抽壳的创建。

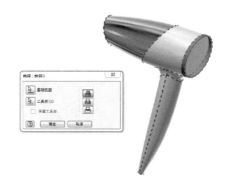

图4-33 合并样式

图4-34 圆角样式

图4-35 抽壳样式

第34步 点击修改内加厚按钮将如图4-36所示位置进行加厚,距离为3mm,完成加厚的创建。

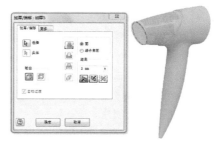

图4-36 加厚样式

第35步 在如图4-37所示的平面上创建草图。

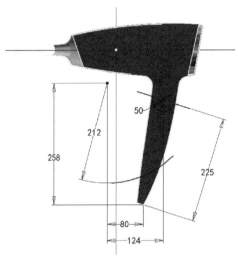

图4-37 草图样式

第36步 在修改中点击分割按钮,将把手处进行分割,分割样式如图4-38所示,完成分割的创建。

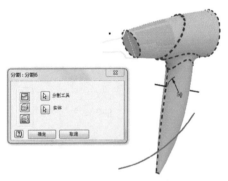

图4-38 分割样式

第37步 在修改内点击分割按钮,将把手分割,分割样式如图4-39所示,完成分割的创建。

第38步 在修改内点击加厚按钮,点击如图4-40所示的截面进行加厚,距离为5mm,完成加厚的创建。

第39步 在如图4-41所示的平面上创建草图。

图4-39 分割样式

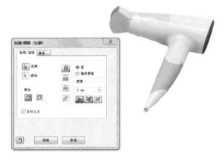

图4-40 加厚样式

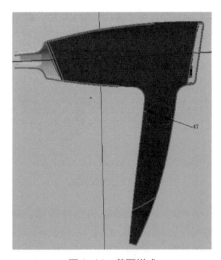

图4-41 草图样式

第40步 在创建区域内点击 拉伸 按钮,在拉伸对话框中点击截面轮廓,选择图4-41中的草图,选择把手实体进行拉伸,如图4-42所示,完成拉伸的创建。

图4-42　拉伸样式

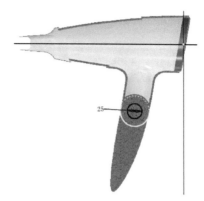

图4-45　草图样式

第41步　在创建区域内点击 按钮，在拉伸对话框中点击截面轮廓，选择图4-41中的草图，选择如图4-43所示实体进行拉伸，完成拉伸的创建。

第44步　点击定位特征选择 按钮，如图4-46所示，完成平面的创建。

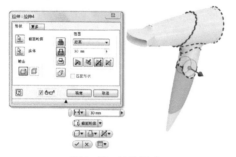

图4-43　拉伸样式

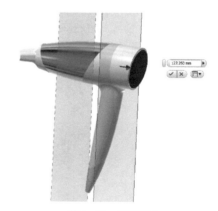

图4-46　平面样式

第42步　点击修改内抽壳按钮，将主体进行抽壳，厚度为3mm，如图4-44所示，完成抽壳的创建。

第45步　在图4-46所示的平面上创建草图，草图样式如图4-47所示，完成草图的创建。

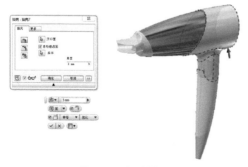

图4-44　抽壳样式

第43步　在如图4-45所示的平面上创建草图。

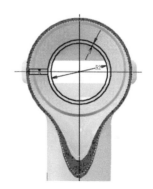

图4-47　草图样式

第46步　在创建区域内点击 按钮，在拉伸对话框中点击截面轮廓，选择图4-47中的草图进行拉伸，如图4-48所示，完成拉伸的创建。

图4-45中的草图，选择如图4-51所示的实体，完成拉伸的创建。

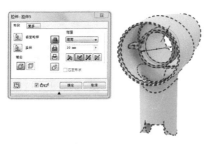

图4-48　拉伸样式

第47步　点击阵列中环形阵列按钮，将图4-48所拉伸的样式进行环形阵列，完成阵列样式的创建，如图4-49所示。

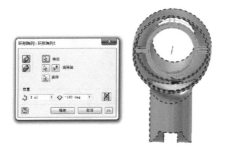

图4-49　环形样式

第48步　点击修改内的分割按钮，在原始坐标系内选择XZ平面将主体进行分割，如图4-50所示，完成分割的创建。

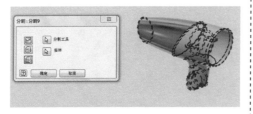

图4-50　分割样式

第49步　在创建区域内点击 按钮，在拉伸对话框中点击截面轮廓，选择

图4-51　拉伸样式

第50步　在创建区域内点击 按钮，在拉伸对话框中点击截面轮廓，选择图4-45中的草图，选择如图4-52所示的实体，完成拉伸的创建。

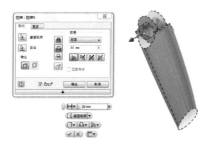

图4-52　拉伸样式

第51步　在后罩上创建草图，草图样式如图4-53所示，完成草图的创建。

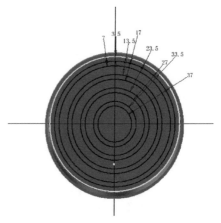

图4-53　草图样式

第52步　在创建区域内点击 按钮，在拉伸对话框中点击截面轮廓，选择图4-53中的草图进行拉伸，如图4-54所示，完成拉伸的创建。

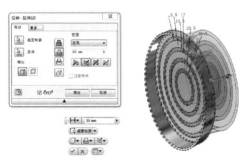

图4-54　拉伸样式

第53步　在如图4-54所示的后罩背面创建草图，草图样式如图4-55所示，完成草图的创建。

图4-55　草图样式

第54步　在创建区域内点击 按钮，在拉伸对话框中点击截面轮廓，选择图4-55中的草图，选择拉伸对话框中 到 选项，点击要拉伸到的面，如图4-56所示，完成拉伸的创建。

第55步　在如图4-57所示的平面上创建草图，完成草图的创建。

第56步　在创建区域内点击 按钮，在拉伸对话框中点击截面轮廓，选择图4-57所示的草图，将后罩拉通，如图4-58所示，完成拉伸的创建。

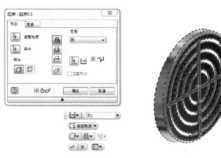

图4-56　拉伸样式

图4-57　草图样式

图4-58　拉伸样式

第57步　点击修改内的加厚按钮，选择如图4-59所示的表面进行向外加厚，距离为3mm，完成加厚曲面。

图4-59　加厚样式

第58步　点击定位特征"从平面偏移"
按钮，如图4-60所示，完成平面的创建。

图4-60　平面样式

第59步　在图4-60所示的平面上创
建草图，草图样式如图4-61所示，完成草
图的创建。

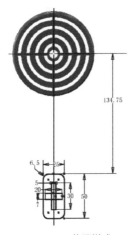

图4-61　草图样式

第60步　点击创建内的凸雕按钮，在
凸雕对话框中点击 ，如图4-62所示，
完成凸雕的创建。

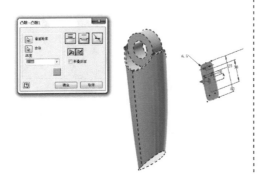

图4-62　凸雕样式

第61步　同上，点击创建内凸雕按钮，
如图4-63所示，完成凸雕的创建。

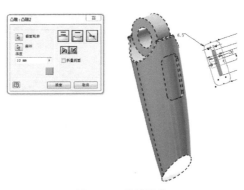

图4-63　凸雕样式

第62步　在创建区域内点击 拉伸 按钮，
在拉伸对话框中点击截面轮廓，选择图
4-61的草图，选择输出 新建实体 按钮，如图
4-64所示，完成拉伸的创建。

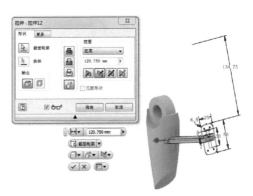

图4-64　拉伸样式

第63步　点击修改内分割按钮，使用
图4-59所示创建的曲面进行分割。在分割
对话框中点击 分割，如图4-65所示，
完成分割的创建。

第64步　点击修改内加厚按钮将图
4-59的曲面进行向内偏移，偏移距离为
6mm，如图4-66所示，完成曲面的创建。

第65步　点击修改内分割按钮，使用
图4-66所示创建的曲面进行分割，如图
4-67所示，完成分割的创建。

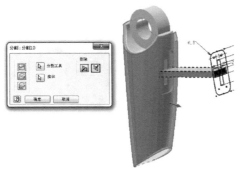

图4-65　分割样式

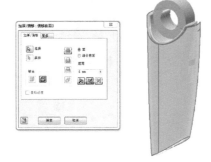

图4-66　偏移曲面

图4-67　分割样式

第66步　点击修改内的圆角按钮，如图4-68所示，完成圆角半径为4mm的创建。

第67步　在如图4-69所示的平面上创建草图，完成草图的创建。

第68步　在图4-70所示的平面上创建草图，完成草图的创建。

图4-68　圆角样式

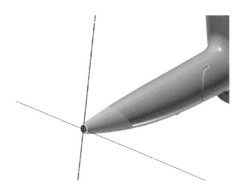

图4-69　草图样式

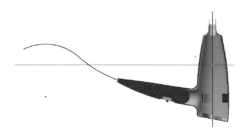

图4-70　草图样式

第69步　在创建内点击扫掠按钮截面轮廓选择图4-69所示的截面，轨道线选择图4-70所示的导线，扫掠样式如图4-71所示，完成扫掠的创建。

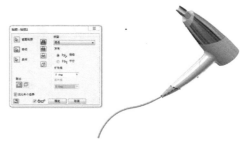

图4-71　扫掠样式

第70步 点击修改内分割按钮，分割根据选择原始坐标系中XZ平面，如图4-72所示，完成分割的创建。

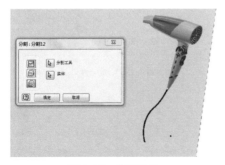

图4-72 分割样式

第71步 点击修改内抽壳按钮，选择开口面将如图4-73所示实体抽壳，完成抽壳的创建。

图4-73 抽壳样式

第72步 同上点击修改内抽壳按钮，如图4-74所示，完成抽壳的创建。

图4-74 抽壳样式

第73步 在如图4-75所示的平面上创建草图，完成草图的创建。

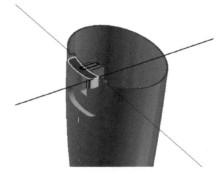

图4-75 草图样式

第74步 在创建区域内点击 拉伸 按钮，在拉伸对话框中点击截面轮廓，选择图4-75中的草图进行拉伸，如图4-76所示，完成拉伸的创建。

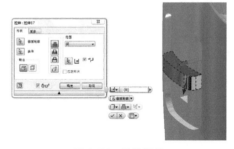

图4-76 拉伸样式

第75步 点击修改内的圆角，如图4-77所示，完成圆角的创建。

图4-77 圆角样式

第76步 点击定位特征内"从平面偏移"命令，如图4-78所示，完成平面的创建。

第77步 在图4-78所示的平面上创建草图，如图4-79所示，完成草图的创建（草图文字大小为3.5mm）。

图4-78 平面的创建

图4-79 草图样式

第78步 在创建内点击凸雕按钮，使用图4-79中的草图进行凸雕，点击要凸雕的截面轮廓，选择要凸雕到的实体，如图4-80所示，完成凸雕的创建。

图4-80 凸雕样式

第79步 同上，选择图4-79中的草图进行凸雕，点击要凸雕的截面轮廓，选择要凸雕到的实体，如图4-81所示，完成凸雕的创建。

图4-81 凸雕样式

第80步 点击定位特征内"从平面偏移"，如图4-82所示，完成平面的创建。

图4-82 平面样式

第81步 在图4-82所示的平面上创建草图，如图4-83所示，完成草图的创建。

图4-83 草图样式

第82步 点击创建内的凸雕按钮，使用图4-83中的草图进行凸雕，点击要凸雕的截面轮廓，选择要凸雕到的实体，如图4-84所示，完成凸雕的创建。

图4-84　凸雕样式

第83步　完成模型的创建，模型样式如图4-85所示，保存文件命名为电吹

风.ipt，在管理内点击生成零部件按钮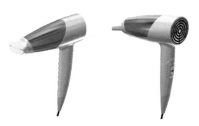，保存文件为电吹风.iam。

图4-85　电吹风效果图

应用训练

使用inventor软件中旋转、拉伸、放样、分割、加厚等命令，用多实体的建模方法，完成如下图所示加湿器的制作。加湿器的六视图及效果图如下图所示。

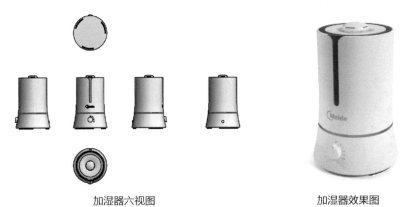

加湿器六视图

加湿器效果图

第二节　豆浆机制作

任务描述

本实例讲述的是用Autodesk Inventor软件设计制作豆浆机的过程，主要通过旋转、扫掠、合并、抽壳等命令设计出模型的整体轮廓，再通过删除面、圆角、拉伸、加厚等命令设计制作出产品的最终模型。

学习目标

1.了解 Autodesk Inventor 多实体建模的过程；

2.熟练掌握 Autodesk Inventor 软件中旋转、扫掠、合并、抽壳、删除面、加厚等命令的使用；

3.豆浆机最终模型及浏览器如图4-86所示。

图4-86　豆浆机零件模型及浏览器

制作过程

第1步 点击新建 ，打开零件 ；根据如图4-87所示的草图样式绘制草图，完成草图的创建。

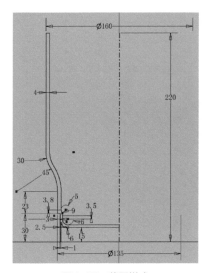

图4-87 草图样式

第2步 点击创建内 按钮，使用图4-87中的草图创建旋转，在旋转对话框中点击 截面轮廓，选择要旋转的截面轮廓，再点击 旋转轴，如图4-88所示，完成旋转的创建。

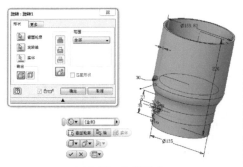

图4-88 旋转样式

第3步 在如图4-89所示的平面上创建草图。

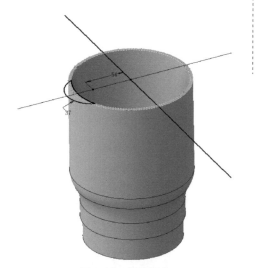

图4-89 草图样式

第4步 在如图4-90所示的平面上创建草图。

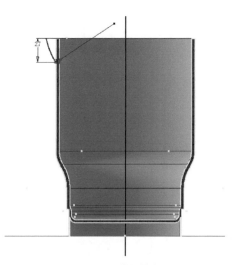

图4-90 草图样式

第5步 点击创建内的 扫掠 按钮，截面轮廓选择图4-89所示的截面，路径选择图4-90所示的草图，如图4-91所示，完成扫掠的创建（注：在创建扫掠时注意需点击新建实体按钮）。

图4-91　扫掠样式

第6步　点击修改内 合并 按钮，在合并对话框中点击 基础视图 选择容器主体，点击 工具体(1) 选择图4-91的扫掠特征，再点击合并对话框中 求差 按钮，完成合并的创建，如图4-92所示。

图4-92　合并样式

第7步　点击修改内 抽壳 按钮，点击抽壳对话框中开口面，如图4-93所示，完成抽壳的创建。

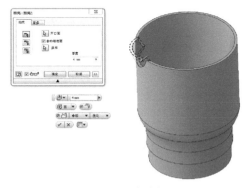

图4-93　抽壳样式图

第8步　点击修改内合并按钮，将如图4-94所示的实体进行合并。完成合并的创建。

图4-94　合并样式

第9步　点击修改内的删除面按钮，点击如图4-95所示的面，再点击删除面对话框内修复命令，将多余部分删除，完成删除面的创建。

图4-95　删除面样式

第10步　点击修改内圆角命令如图4-96所示，完成圆角的创建。

图4-96　圆角样式

第11步　在如图4-97所示的平面上创建草图，完成草图的创建。

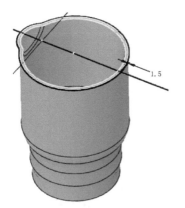

图4-97　草图样式

第12步　点击创建内拉伸按钮，在拉伸对话框中点击截面轮廓，选择图4-97中的草图进行拉伸，距离为3mm，如图4-98所示，完成拉伸的创建。

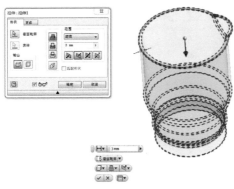

图4-98　拉伸样式

第13步　在如图4-99的平面上创建草图。

图4-99　草图样式

第14步　点击创建内的拉伸按钮，在拉伸对话框中点击截面轮廓，选择图4-99中的草图进行拉伸，如图4-100所示，完成拉伸的创建。

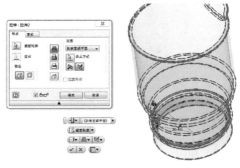

图4-100　拉伸样式

第15步　在如图4-101所示的平面上创建草图。

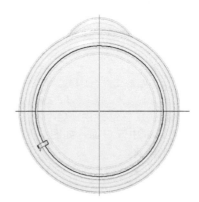

图4-101　草图样式

第16步　在创建内点击拉伸按钮，在拉伸对话框中点击截面轮廓，选择图4-101中的草图进行拉伸，如图4-102所示，完成拉伸的创建。

第17步　在如图4-103所示的平面上创建草图。

第18步　在修改内点击加厚按钮（注：在加厚对话框中点击输出曲面），如图4-104所示加厚样式，完成加厚的创建。

第19步　在如图4-105所示的平面上创建草图。

图4-102 拉伸样式

第20步 点击创建内扫掠按钮，在扫掠对话框中点击截面轮廓按钮，选择图4-105中截面轮廓，再点击对话框中轨道按钮，选择图4-103中草图轨道，如图4-106所示，完成扫掠的创建。

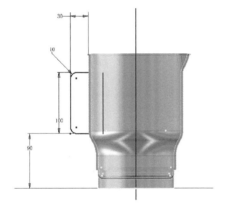

图4-103 草图样式

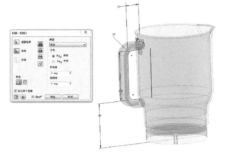

图4-106 扫掠样式

第21步 在如图4-107所示的平面上创建草图。

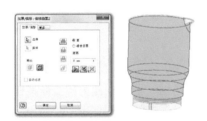

图4-104 加厚样式

图4-107 草图样式

第22步 点击创建内拉伸按钮，在拉伸对话框中点击截面轮廓，选择图4-107中草图截面，如图4-108所示，完成拉伸的创建。

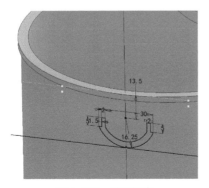

图4-105 草图样式

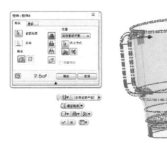

图4-108 拉伸样式

第23步　在如图4-109所示的平面上创建草图。

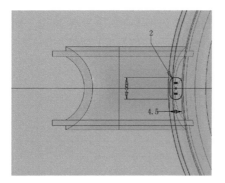

图4-109　草图样式

第24步　点击修改内的拉伸按钮，在拉伸对话框中点击截面轮廓，选择图4-109中的草图截面进行拉伸，如图4-110所示，完成拉伸的创建。

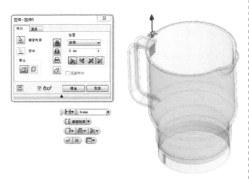

图4-110　拉伸样式

第25步　在如图4-111所示的平面上创建草图。

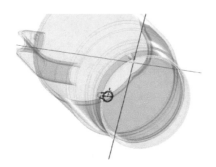

图4-111　草图样式

第26步　点击创建内拉伸按钮，在拉伸对话框中点击截面轮廓，选择图4-111中的草图进行拉伸，如图4-112所示，完成拉伸的创建。

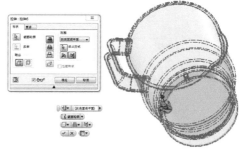

图4-112　拉伸样式

第27步　在如图4-113所示的平面上创建草图。

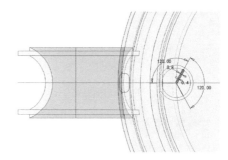

图4-113　草图样式

第28步　点击创建内的拉伸按钮，在拉伸对话框中点击截面轮廓，选择图4-113需要拉伸的截面进行拉伸，如图4-114所示，完成拉伸的创建。

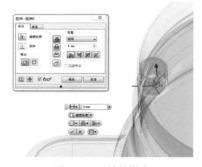

图4-114　拉伸样式

第29步 点击阵列内环形阵列按钮，在环形阵列对话框中点击特征按钮，选择需要环形阵列的特征进行阵列，如图4-115所示，完成阵列的创建。

图4-115 环形样式

第30步 在如图4-116所示的平面上创建草图。

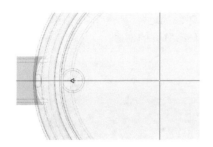

图4-116 草图样式

第31步 点击创建内的拉伸按钮，在拉伸对话框中点击截面轮廓，选择图4-116中需要拉伸的截面，如图4-117所示，完成拉伸的创建。

图4-117 拉伸样式

第32步 点击阵列内的环形阵列按钮，选择需要旋转的特征进行环形阵列，如图4-118所示，完成环形阵列的创建。

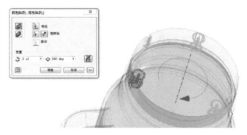

图4-118 环形样式

第33步 在如图4-119所示的平面上创建草图。

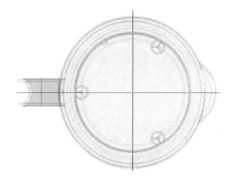

图4-119 草图样式

第34步 点击创建内的拉伸按钮，使用图4-119中的草图创建拉伸，在拉伸对话框中点击截面轮廓，选择需要拉伸的截面，如图4-120所示，完成拉伸的创建（注：在拉伸对话框中需要点击新建实体按钮）。

图4-120 拉伸样式

第35步 在如图4-121所示的平面上创建草图。

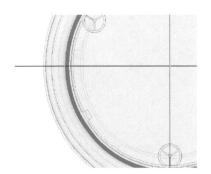

图4-121　草图样式

第36步　点击创建内的拉伸按钮，使用图4-121中的草图创建拉伸，在拉伸对话框中点击截面轮廓，选择需要拉伸的截面，如图4-122所示，完成拉伸的创建。

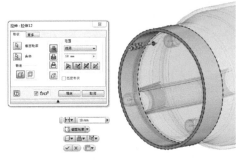

图4-122　拉伸样式

第37步　在如图4-123所示的平面上创建草图。

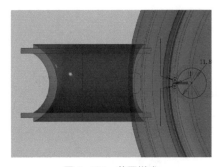

图4-123　草图样式

第38步　在创建内点击拉伸按钮，使用图4-123中的草图创建拉伸，在拉伸对话框中点击截面轮廓，选择需要拉伸的截面，

如图4-124所示，完成拉伸的创建（注：在拉伸对话框中需要点击新建实体按钮）。

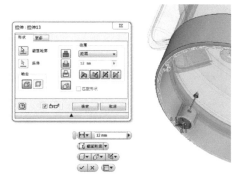

图4-124　拉伸样式

第39步　在阵列内点击环形阵列按钮，在环形阵列对话框内点击按钮，再点击要环形的轴 旋转轴 ，如图4-125所示，完成环形阵列的创建。

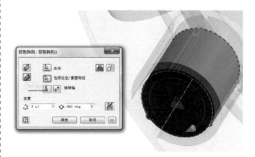

图4-125　环形样式

第40步　在如图4-126所示的平面上创建草图。

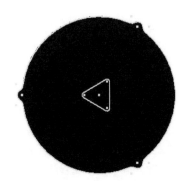

图4-126　草图样式

第41步　在创建内点击拉伸按钮，使用图4-126中的草图创建拉伸，在拉伸对话框中点击截面轮廓，选择需要拉伸的截面，如图4-127所示，完成拉伸的创建。

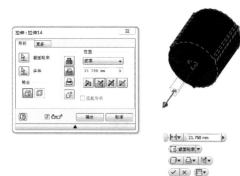

图4-127　拉伸样式

第42步　在如图4-128所示的平面上创建草图。

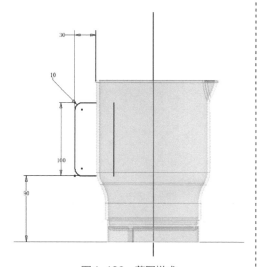

图4-128　草图样式

第43步　在如图4-129所示的平面上创建草图。

第44步　点击创建内的扫掠按钮，点击扫掠对话框中截面轮廓按钮，选择如图4-129所示的草图截面，再点击对话框中路径按钮，选择图4-128所示的草图路径，如图4-130所示，完成扫掠的创建。

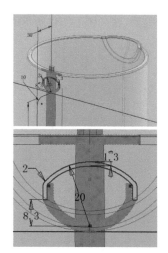

图4-129　草图样式

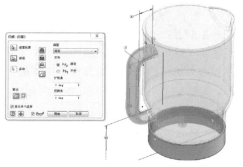

图4-130　扫掠样式

第45步　点击修改内的分割按钮，在分割对话框内点击按钮，将把手进行分割，如图4-131所示，完成分割的创建。

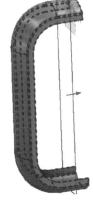

图4-131　平面样式

第46步 在如图4-132所示的平面上创建草图。

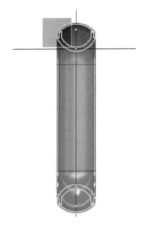

图4-132 草图样式

第47步 在创建内点击拉伸按钮，使用图4-132中的草图创建拉伸，在拉伸对话框中点击截面轮廓，选择需要拉伸的截面，如图4-133所示，完成拉伸的创建。

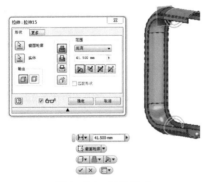

图4-133 拉伸样式

第48步 点击修改内的分割按钮，选择图4-104所示的曲面进行分割，如图4-134所示，完成分割的创建。

第49步 在如图4-135所示的平面上创建草图。

第50步 在创建内点击拉伸按钮，使用图4-135中的草图创建拉伸，在拉伸对话框中点击截面轮廓，选择需要拉伸的截面，如图4-136所示，完成拉伸的创建。

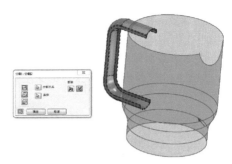

图4-134 分割样式

图4-135 草图样式

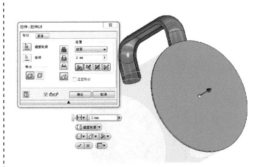

图4-136 拉伸样式

第51步 在如图4-137所示的平面上创建草图。

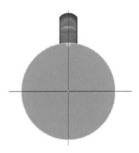

图4-137 草图样式

第52步 在创建内点击拉伸按钮，使用图4-137中的草图创建拉伸，在拉伸对话框中点击截面轮廓，选择需要拉伸的截面，如图4-138所示，完成拉伸的创建。

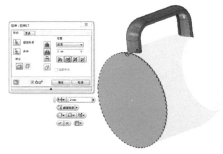

图4-138 拉伸样式

第53步 在如图4-139所示的平面上创建草图。

图4-139 草图样式

第54步 在创建内点击拉伸按钮，使用图4-139中的草图创建拉伸，在拉伸对话框中点击截面轮廓，选择需要拉伸的截面，如图4-140所示，完成拉伸的创建。

图4-140 拉伸样式

第55步 点击阵列内环形阵列按钮，选择要环形的特征进行阵列，如图4-141所示，完成环形阵列的创建。

图4-141 环形样式

第56步 在如图4-142所示的平面上创建草图。

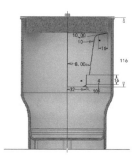

图4-142 草图样式

第57步 点击创建内旋转按钮，在旋转对话框内点击截面轮廓按钮，选择图4-142中的草图截面，再点击旋转轴进行旋转，如图4-143所示，完成旋转的创建。

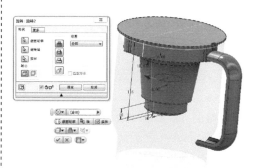

图4-143 旋转样式

第58步　点击定位特征内从平面偏移按钮，如图4-144所示，完成平面的创建。

图4-144　平面样式

第59步　在图4-144所示创建的平面上创建草图，如图4-145所示，完成草图的创建。

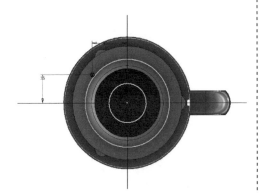

图4-145　草图样式

第60步　在创建内点击拉伸按钮，使用图4-145中的草图创建拉伸，在拉伸对话框中点击截面轮廓，选择需要拉伸的截面，再点击对话框中"更多"选项，输入锥度2.5deg，如图4-146所示，完成拉伸的创建。

第61步　点击定位特征内从平面偏移按钮，如图4-147所示，完成平面的创建。

第62步　在图4-147所示的平面上创建草图，草图样式如图4-148所示，完成草图的创建。

图4-146　拉伸样式

图4-147　平面样式

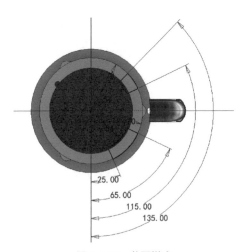

图4-148　草图样式

第63步　在创建内点击拉伸按钮，使用图4-148中的草图创建拉伸，在拉伸对话框中点击截面轮廓，选择需要拉伸的截面，如图4-149所示，完成拉伸的创建。

第64步　在如图4-150所示的平面上创建草图。

图4-149　拉伸样式

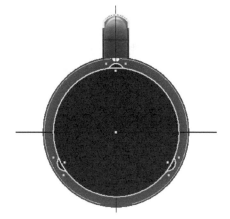

图4-150　草图样式

第65步　在创建内点击拉伸按钮，使用图4-150中的草图创建拉伸，在拉伸对话框中点击截面轮廓，选择需要拉伸的截面，如图4-151所示，完成拉伸的创建。

图4-151　拉伸样式

第66步　在修改内点击抽壳按钮，在抽壳对话框中点击开口面，选择如图4-152所示的平面，完成抽壳的创建。

图4-152　抽壳样式

第67步　点击修改内合并按钮，将如图4-153所示的两个实体合并。

图4-153　合并样式

第68步　在如图4-154所示的平面上创建草图。

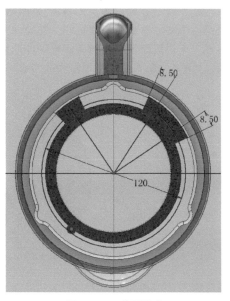

图4-154　草图样式

第69步　点击修改内孔按钮，如图4-155所示的孔样式，完成孔的创建。

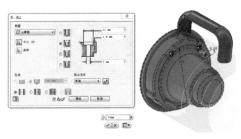

图4-155　孔样式

第70步　在如图4-156所示的平面上创建草图。

图4-156　草图样式

第71步　在创建内点击拉伸按钮，使用图4-156中的草图创建拉伸，在拉伸对话框中点击截面轮廓，选择需要拉伸的截面，如图4-157所示，完成拉伸的创建。

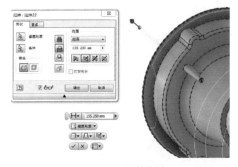

图4-157　拉伸样式

第72步　在如图4-158所示的平面上创建草图。

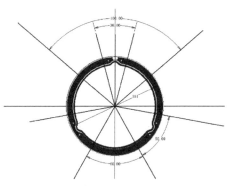

图4-158　草图样式

第73步　点击修改内孔按钮，在孔对话框中点击中心按钮，选择图4-158中的点，如图4-159所示，完成孔的创建。

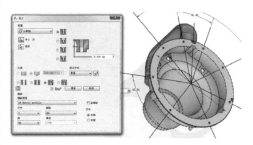

图4-159　孔样式

第74步　在如图4-160所示的平面上创建草图。

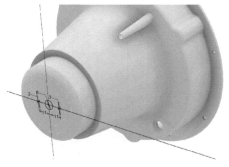

图4-160　草图样式

第75步　在创建内点击拉伸按钮，使用图4-160中的草图创建拉伸，在拉伸对话框中点击截面轮廓，选择需要拉伸的截面，如图4-161所示，完成拉伸的创建。

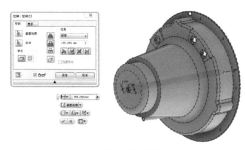

图4-161 拉伸样式

第76步 点击定位特征内从平面偏移,如图4-162所示平面特征,完成平面的创建。

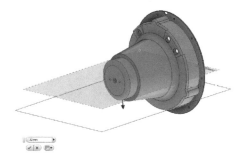

图4-162 平面样式

第77步 在图4-162所示的平面上创建草图,如图4-163所示,完成草图的创建。

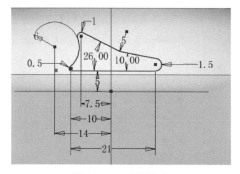

图4-163 草图样式

第78步 点击创建内的凸雕按钮,点击凸雕对话框内截面轮廓按钮,选择图4-163中的草图截面,如图4-164所示,完成凸雕的创建。

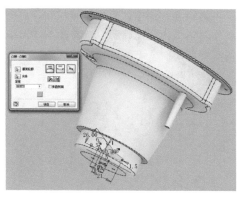

图4-164 凸雕样式

第79步 点击阵列内的环形阵列按钮,使用图4-164中所创建的特征进行环形阵列,如图4-165所示,完成环形阵列的创建。

图4-165 环形样式

第80步 点击定位特征内从平面偏移命令,在图4-166所示的位置创建平面,并在此平面上创建草图,草图样式如图4-166所示,完成草图的创建。

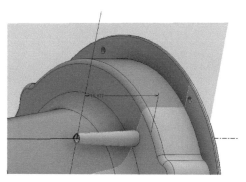

图4-166 草图样式

第81步 点击创建内旋转按钮，点击旋转对话框内截面轮廓，选择图4-166中的草图截面，点击旋转轴进行旋转，如图4-167所示，完成旋转的创建。

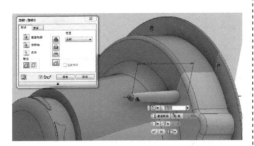

图4-167 旋转样式

第82步 在如图4-168所示的平面上创建草图。

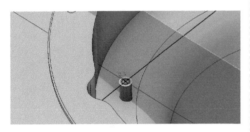

图4-168 草图样式

第83步 在创建内点击拉伸按钮，使用图4-168中的草图创建拉伸，在拉伸对话框中点击截面轮廓，选择需要拉伸的截面，如图4-169所示，完成拉伸的创建。

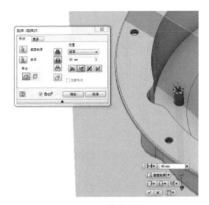

图4-169 拉伸样式

第84步 点击修改内的螺纹按钮，点击螺纹对话框中的面按钮，选择需要上螺纹的面，如图4-170所示，完成螺纹创建。

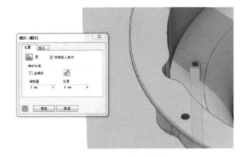

图4-170 螺纹样式

第85步 在平面上创建草图，完成草图的创建，点击旋转，完成旋转的创建。如图4-171所示。

图4-171 旋转样式

第86步　点击修改内抽壳按钮，如图4-172所示，完成抽壳的创建。

图4-172　抽壳样式

第87步　在如图4-173所示的平面上创建草图。

图4-173　草图样式

第88步　在创建内点击拉伸按钮，使用图4-173中的草图创建拉伸，在拉伸对话框中点击截面轮廓，选择需要拉伸的截面，如图4-174所示，完成拉伸的创建。

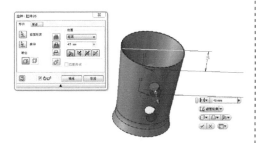

图4-174　拉伸样式

第89步　点击阵列内环形阵列按钮，使用图4-174所创建的特征进行环形阵列，如图4-175所示，完成环形阵列的创建。

图4-175　环形样式

第90步　点击定位特征内从平面偏移按钮，从中间面偏移36mm，如图4-176所示。

图4-176　平面样式

第91步　在图4-176所示的平面上创建草图，草图样式如图4-177所示，完成草图的创建。

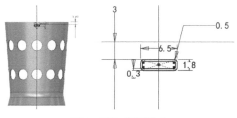

图4-177　草图样式

第92步　在创建内点击拉伸按钮，使用图4-177中的草图创建拉伸，在拉伸对话框中点击截面轮廓，选择需要拉伸的截面，如图4-178所示，完成拉伸的创建。

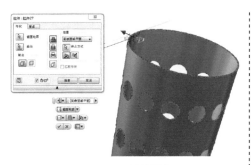

图4-178   拉伸样式

第93步   点击定位特征内从平面偏移按钮，从图4-176所示的平面偏移-3.75mm，如图4-179（a）所示，投影图4-177中草图的外圈线，如图4-179（b）所示，完成草图的创建。

(a)

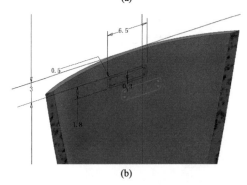

(b)

图4-179   草图样式

第94步   在创建内点击拉伸按钮，使用图4-179中的草图创建拉伸，在拉伸对话框中点击截面轮廓，选择需要拉伸的截面，如图4-180所示，完成拉伸的创建。

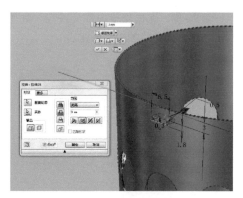

图4-180   拉伸样式

第95步   点击阵列内环形阵列按钮，使用图4-178和图4-180中所创建的特征进行环形阵列，如图4-181所示，完成环形阵列的创建。

图4-181   环形样式

第96步   在如图4-182所示的平面上创建草图。

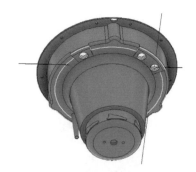

图4-182   草图样式

第97步   在创建内点击拉伸按钮，使用图4-182中的草图创建拉伸，在拉伸对话框中点击截面轮廓，选择需要拉伸的截面，如图4-183所示，完成拉伸的创建（注：在拉伸对话框内点击新建实体）。

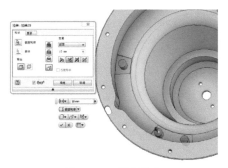

图4-183　拉伸样式

第98步　在如图所示的位置创建平面，并且在该平面上创建草图，草图样式如图4-184所示，完成平面及草图的创建。

图4-184　草图样式

第99步　点击创建内旋转按钮，截面轮廓点击图4-184所示的草图截面，如图4-185所示，完成旋转的创建（注：旋转点击新建实体进行旋转）。

图4-185　旋转样式

第100步　在如图4-186所示的平面上创建草图。

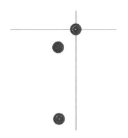

图4-186　草图样式

第101步　在创建内点击拉伸按钮，使用图4-186中的草图创建拉伸，在拉伸对话框中点击截面轮廓，选择需要拉伸的截面，如图4-187所示，完成拉伸的创建（注：拉伸点击新建实体进行拉伸）。

图4-187　拉伸样式

第102步　在创建内点击拉伸按钮，使用图4-186中的草图创建拉伸，在拉伸对话框中点击截面轮廓，选择需要拉伸的截面，如图4-188所示，完成拉伸的创建（注：拉伸点击新建实体进行拉伸）。

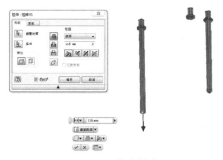

图4-188　拉伸样式

第103步　点击定位特征中从平面偏移按钮，如图4-189所示，完成平面的创建。

图4-189　平面样式

第104步　在图4-189所示的平面上创建草图，草图特征如图4-190所示，完成草图的创建。

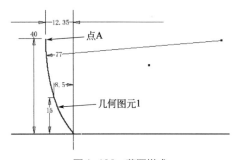

图4-190　草图样式

第105步　在如图4-191所示的平面上创建草图。

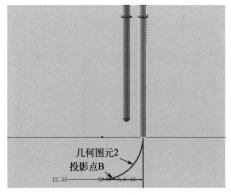

图4-191　草图样式

第106步　点击草图中开始创建三维草图按钮，再点击绘制内相交曲线按钮，相交几何图元1点击图4-190所示的曲线，相交几何图元2点击图4-191所示的曲线，如图4-192所示，完成三维导线的创建。

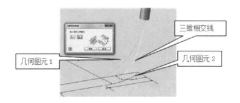

图4-192　草图样式

第107步　点击创建内扫掠按钮，截面轮廓点击圆柱的截面，轨道选择图4-192所示的三维导线，如图4-193所示，完成扫掠的创建。

图4-193　扫掠样式

第108步　点击阵列内的镜像按钮，选择图4-193所示的扫掠特征，再点击中间的平面进行镜像，如图4-194所示，完成镜像的创建。

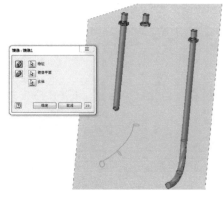

图4-194　镜像样式

第109步　在如图4-195所示的平面上创建草图。

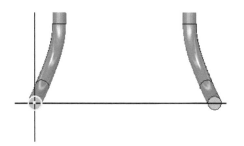

图4-195　草图样式

第110步　在如图4-196所示的平面上创建草图。

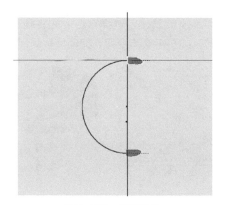

图4-196　草图样式

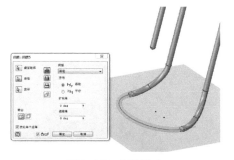

图4-197　扫掠样式

第111步　点击创建扫掠按钮，截面轮廓点击图4-195所示的草图截面，轨道点击图4-196所示的草图，如图4-197所示完成扫掠的创建。

第112步　在如图4-198所示的平面上创建草图。

图4-198　草图样式

第113步　在创建内点击拉伸按钮，使用图4-198中的草图创建拉伸，在拉伸对话框中点击截面轮廓，选择需要拉伸的截面，如图4-199所示，完成拉伸的创建（注：点击对话框中新建实体按钮）。

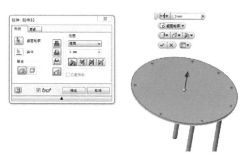

图4-199　拉伸样式

第114步　在如图4-200所示的平面上创建草图。

图4-200　草图样式

第115步　在创建内点击拉伸按钮，使用图4-200中的草图创建拉伸，在拉伸对话框中点击截面轮廓，选择需要拉伸的截面，如图4-201所示，完成拉伸的创建。

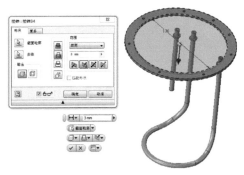

图4-201　拉伸样式

第116步　在如图4-202所示的草图上创建草图。

图4-202　草图样式

第117步　在创建内点击拉伸按钮，使用图4-202中的草图创建拉伸，在拉伸对话框中点击截面轮廓，选择需要拉伸的截面，如图4-203所示，完成拉伸的创建。

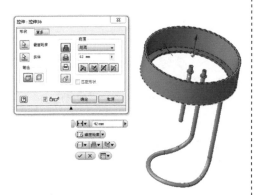

图4-203　拉伸样式

第118步　在如图4-204所示的平面上创建草图。

图4-204　草图样式

第119步　在创建内点击旋转按钮，使用图4-204中的草图截面，在旋转对话框中点击旋转轴，选择草图中旋转轴进行旋转，如图4-205所示，完成旋转的创建。

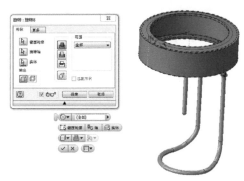

图4-205　旋转样式

第120步　在如图4-206所示的平面上创建草图。点击定位特征内平面按钮，创建垂直于直线的平面。

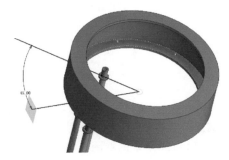

图4-206　平面样式

第121步　在图4-206中的平面上创建草图，如图4-207所示。

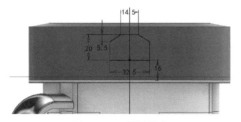

图4-207　草图样式

第122步　在创建内点击拉伸按钮，使用图4-207中的草图创建拉伸，在拉伸对话框中点击截面轮廓，选择需要拉伸的截面，如图4-208所示，完成拉伸的创建。

图4-208　拉伸样式

第123步　在如图4-209上创建草图。

图4-209　草图样式

第124步　在创建内点击旋转按钮，使用图4-209中的草图截面，在旋转对话框中点击旋转轴，点击草图中旋转轴进行旋转，如图4-210所示，完成旋转的创建。

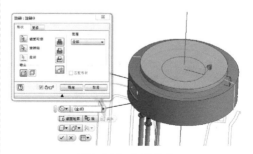

图4-210　旋转样式

第125步　在如图4-211上创建草图。

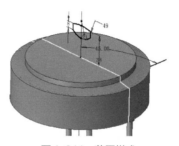

图4-211　草图样式

第126步　在创建内点击拉伸按钮，使用图4-211中的草图创建拉伸，在拉伸对话框中点击截面轮廓，选择需要拉伸的截面，如图4-212所示，完成拉伸的创建。

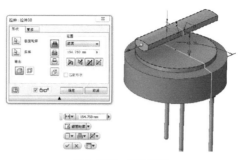

图4-212　拉伸样式

第127步　在如图4-213平面上创建草图。

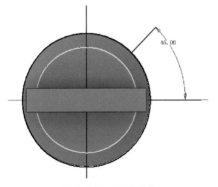

图4-213　草图样式

第128步　在创建内点击拉伸按钮，使用图4-213中的草图创建拉伸，在拉伸对话框中点击截面轮廓，选择需要拉伸的截面，如图4-214所示，完成拉伸的创建（注：点击对话框中求差按钮）。

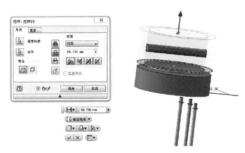

图4-214　拉伸样式

第129步　在如图4-215上创建草图。

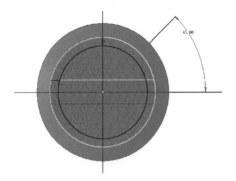

图4-215　草图样式

第130步　在创建内点击拉伸按钮，使用图4-215中的草图创建拉伸，在拉伸

对话框中点击截面轮廓，选择需要拉伸的截面，如图4-216所示，完成拉伸的创建。

图4-216　拉伸样式

第131步　点击阵列内环形阵列按钮，特征选择图4-216所示的拉伸特征，旋转轴点击圆柱外表面，如图4-217所示，完成环形阵列的创建。

图4-217　环形阵列样式

第132步　在如图4-218所示的平面上创建草图。

图4-218　草图样式

第133步　在创建内点击拉伸按钮，使用图4-218中的草图创建拉伸，在拉伸对话框中点击截面轮廓，选择需要拉伸的截面，如图4-219所示，完成拉伸的创建。

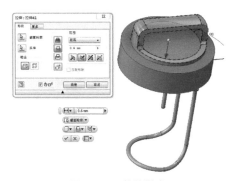

图4-219　拉伸样式

第134步　在创建内点击拉伸按钮，使用图4-218中的草图创建拉伸，在拉伸对话框中点击截面轮廓，选择需要拉伸的截面，如图4-220所示，完成拉伸的创建（注：在对话框中点击新建实体）。

图4-220　拉伸样式

第135步　点击定位特征内的平面按钮，创建平行于图4-206中的平面，并与上盖圆柱面相切的新平面，向内偏移新平面距离为−14mm，如图4-221所示，完成平面的创建。

图4-221　平面样式

第136步　使用图4-221所示的平面创建草图，草图样式如图4-222所示，完成草图的创建。

图4-222　草图样式

第137步　在创建内点击拉伸按钮，使用图4-222中的草图创建拉伸，在拉伸对话框中点击截面轮廓，选择需要拉伸的截面，如图4-223所示，完成拉伸的创建（注：在对话框中点击新建实体）。

图4-223　拉伸样式

第138步　在如图4-224所示的平面上创建草图。

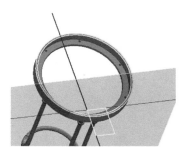

图4-224　草图样式

第139步　在创建内点击拉伸按钮，使用图4-224中的草图创建拉伸，在拉伸对话框中点击截面轮廓，选择需要拉伸的截面，如图4-225所示，完成拉伸的创建（注：在对话框中点击求差按钮）。

图4-225　拉伸样式

第140步　点击修改内加厚按钮，"选择"点击如图4-226所示的表面进行加厚，完成加厚的创建（注：在对话框中点击新建零件按钮）。

图4-226　加厚样式

第141步　点击修改内加厚按钮，"选择"点击如图4-227所示的表面进行加厚，完成加厚的创建（注：选择图4-226的实体加厚）。

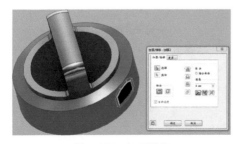

图4-227　加厚样式

第142步　在如图4-228所示平面上创建草图。

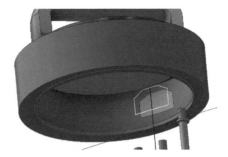

图4-228　草图样式

第143步　在创建内点击拉伸按钮，使用图4-228中的草图创建拉伸，在拉伸对话框中点击截面轮廓，选择需要拉伸的截面，如图4-229所示，完成拉伸的创建（注：在对话框中点击拉伸到表面或平面）。

图4-229　拉伸样式

第144步　在修改特征内点击合并按钮，在合并对话框中，点击基础视图选择如图4-230所示的实体，完成合并的创建。

图4-230　合并样式

第145步　在定位特征内点击从表面偏移按钮，如图4-231所示的平面，完成平面的创建。

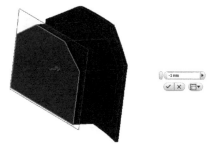

图4-231 平面样式

第146步 在图4-231所示的平面上创建草图，草图样式如图4-232所示，完成草图的创建。

图4-232 草图样式

第147步 在创建内点击拉伸按钮，使用图4-232中的草图创建拉伸，在拉伸对话框中点击截面轮廓，选择需要拉伸的截面，如图4-233所示，完成拉伸的创建（注：在对话框中点击求差按钮）。

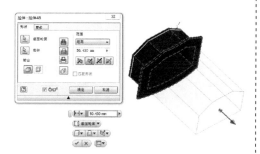

图4-233 拉伸样式

第148步 在如图4-234所示的平面上创建草图。

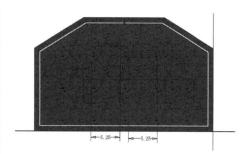

图4-234 草图样式

第149步 在创建内点击拉伸按钮，使用图4-234中的草图创建拉伸，在拉伸对话框中点击截面轮廓，选择需要拉伸的截面，如图4-235所示，完成拉伸的创建。

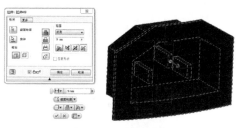

图4-235 拉伸样式

第150步 在如图4-236所示的平面上创建草图。

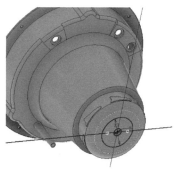

图4-236 草图样式

第151步 在创建内点击拉伸按钮，使用图4-236所示的草图创建拉伸，在拉伸对话框中点击截面轮廓，选择需要拉伸的截面，如图4-237所示，完成拉伸的创建（注：在拉伸对话框中点击新建实体按钮）。

图4-237　拉伸样式

第152步　在如图4-238所示的平面上创建草图。

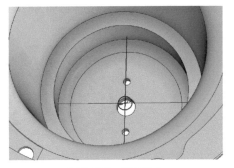

图4-238　草图样式

第153步　在创建内点击拉伸按钮，使用图4-238中的草图创建拉伸，在拉伸对话框中点击截面轮廓，选择需要拉伸的截面，如图4-239所示，完成拉伸的创建（注：在拉伸对话框中点击新建实体按钮）。

图4-239　拉伸样式

第154步　在如图4-240所示的平面上创建草图。

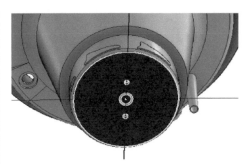

图4-240　草图样式

第155步　在修改内点击螺纹按钮，在螺纹对话框中点击圆柱面，如图4-241所示，完成螺纹的创建。

图4-241　拉伸样式

第156步　在修改内点击螺纹按钮，在螺纹对话框中点击圆柱面，如图4-242所示，完成螺纹的创建。

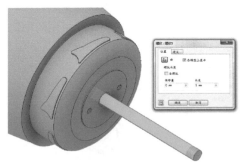

图4-242　螺纹样式

第157步　完成模型的创建，及其渲染图，如图4-243，保存文件命名为豆浆机.ipt，在管理内点击生成零部件按钮，保存文件为豆浆机.iam。

图4-243　豆浆机效果图

应用训练

　　使用inventor软件中旋转、扫掠、合并、抽壳、删除面、加厚等命令，使用多实体的建模方法，完成如下图所示吸尘器的制作。

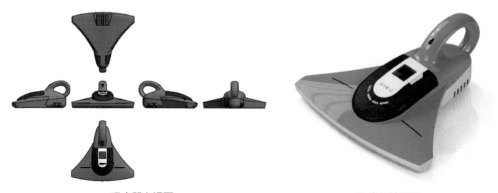

吸尘器六视图　　　　　　　　　　　　　　吸尘器效果图

第五章　产品改良设计

第一节　产品改良设计概述

任务描述

　　产品改良设计是一种在现有产品的基础上进行的一种工业产品造型设计，是对现有的产品进行优化、充实和改进再开发的一种设计方法。本任务将简要介绍产品改良设计的意义与目的，介绍产品改良设计需要涉及的内容。

学习目标

　　1.了解什么是产品的改良设计；
　　2.熟悉产品改良设计的目的；
　　3.了解产品改良设计的具体内容。

基础知识

一、什么是产品的改良设计

　　产品改良设计是一种在现有产品的基础上进行的一种工业产品造型设计，是对现有的产品进行优化、充实和改进再开发的一种设计方法。"改良"一词，含有改进、改观和改变的意思。它的含义有三：其一是改造物品使用时的不便因素，对产品的原有装置部分的设计进行一定程度的改变。理想的产品改良性设计能把产品的功能及操作方式简单明白地呈现出来，并被使用者准确理解，从而达到提高操作效率的目的。其二是改变旧的样式，使物品面貌一新，更加美观。其三是由外因或内因引起的产品结构的任何变化。总之，无论是何种产品，想要更有效地发挥其功能以及产品的特性，就应该对其进行仔细研究，以便合理地进行改造。

　　目前，根据对产品改良的着眼点的不同，可以把产品改良设计分成以下几类：形态的改良、结构的改良、功能的改良和使用方法的改良。

二、为什么要进行产品改良设计

如今，人们的生活中已经充满了人造物品，但当我们环顾四周却很难找到真正的原创性的新产品，绝大多数的产品都是在老产品的基础上进行优化和改良之后再投入市场的。随着科技的发展，新一代的产品必须不断地优化自身的功能、外观以及核心技术等方面才能更好地迎合消费者的需求。同时，对于企业来说，对旧有产品进行改良设计，是一条投入少、风险小、见效快的捷径。产品改良设计的目的就是为广大消费者，提供他们买得起的、高度使用的优质产品。因此，产品改良性设计具有以下几个方面的意义：

1. 帮助企业发展

为了满足消费者的需求，企业每年要向市场投放许多新产品。其中绝大多数是对原产品进行了升级换代，达到改良的效果之后再投入市场的产品。根据产品的销售实际情况而获得的反馈信息是企业进行产品改良性设计的有效资料，根据这些资料企业可以发现原有产品存在的问题，然后才能分析问题并解决问题。所以，设计师可以针对这些问题以及产品存在的缺陷进行一步步的改良性设计。

2. 产品更为人性化

产品的人性化设计对于产品设计来说，是人机工程中的一个基本要求。在产品改良设计的过程中，设计师要处理好人机工程中的人－物－环境三者间的协调关系，这就会涉及心理学、生理学、医学、人体测量学、美学以及工程技术等多个领域的专业知识。当发现了旧有产品在三者关系之间存在问题的时候，设计师就应该在保障产品必要功能的前提下对产品进行改进，使产品能在安全、高效、健康、舒适、美观等方面进行提高。如此，经过改良设计之后的产品能够达到更为人性化的效果。

3. 产品更为环保

通过运用新的技术、采用新的设计理念，产品经过改良之后在各方面都会有提升，尤其是在资源的利用与回收方面。产品改良性设计着眼于人与自然的生态平衡关系，在设计过程的每一个决策中都充分考虑到环境效益，尽量减少对环境的破坏。这不仅有益于企业，更加对人类的环境能够起到更好的保护作用，从而进一步推动人与环境之间的和谐共处模式。

4. 延长产品的生命周期

产品和人一样，也具有一个生命周期。新产品从上市到消亡（废弃）这个生命周期的长短是由产品与销售、利润的关系来决定的。企业开发一个新产品投放市场，前期的研发投入和推广投入是最大的，但随着同行的竞争变大，产品的销售势必会下滑。为了能够延长产品的生命周期，让企业的利益得到最大化，设计师会根据旧产品进行改进。不仅可以缩短开发周期，也可以利用旧产品原有的模具等可利用的资源，尽量节省开支，同时能够优化产品，使产品更新换代，从而尽可能地延长产品的生命周期。

三、产品改良设计包含的内容

1. 产品功能的改良设计

所谓功能，就是产品所具有的特定用途、作用和使用价值的统称，或者是产品担当的职能。不同的产品具有不同的功能，如：椅子是用来坐或者休息的；茶杯是用来喝水的；灯是用来照明的等。每一种产品都有其特定的功能，如果一件产品的功能不完整，或者没法满足使用者的需求，那么这件产品是很难有市场的。由此可见，用户购买的不仅仅是一件产品，而是购买这件产品能带来的实际功能。

2.产品价值的改良设计

价值工程中所说的"价值"和政治经济学中所说的价值是不同的，政治经济学中所说的价值是指凝结在商品中的一般的、无差别的人类劳动，它是商品的基本属性之一。而价值工程中所说的价值，是接近于人们日常生活中所说的价值概念。例如，当人们到市场上购买东西时，要考虑"买这件东西合算不""值得不""有没有价值"等问题。对于生产厂家来说，希望自己生产的产品质量高而成本低。而对于使用者来说，则希望购买到的产品物有所值。所以，产品的价值就成了生产者和使用者共同追求的目标。

功能和成本是决定产品价值大小的两个重要因素。产品改良设计可以通过以下途径来提高现有产品的价值：

（1）在成本不增加的情况下，提高产品的功能水平，从而使产品价值得以提高。在产品的改良设计中，对产品的外观进行美化以及将产品进行系列化设计等做法多属于这种方法。

（2）在产品原有功能不减少的情况下，降低产品的生产成本，从而使产品的价值得以提升。例如电子计算机硬件虚拟空间的无限扩大、数字化的应用、数码产品的升级等。

（3）在成本不过多提高，而大幅度地提高功能的情况下，产品的价值也能得到提升。产品向多功能化发展，出现了"1+1＞2"功能集聚效应的情况多属于此类方法。所谓多功能化，指的是增加产品的用途，做到一机多能、一物多用，如数字化控制多功能组合机床，小户型多功能家居产品等。

（4）在保留必要功能的前提下，简化产品的一部分功能，同时能够大幅度地降低产品的成本，如此也可以使产品的价值得到提升。例如产品的有些功能比较次要或者已经过时，而该功能的实现需要大量的生产成本，在这种情况下，通过削减不必要的功能，便可以大大降低产品的成本。

（5）成本下降，功能提高，则价值提高。这是最为理想的情况，随着科学技术的发展，不断有新的工艺和新的材料问世，为新产品提供了广阔的前景。塑料代替金属材料、资源的二次利用等都是很典型的例子。

3.产品人机的改良设计

在产品改良设计中对产品的人机工程学有关问题进行改良，目的就是让产品更符合使用者的各项人体功能要求，更加的人性化。因此，在这个过程中要充分考虑人的生理、心理特点与操作系统的结合，从人的各项生理功能特点出发来确定产品的各项技术指标、人机间的信息传递方式和操作机构的结构、位置、形状的设计。产品设计给操作者提供操作方便、舒适、轻巧、安全的体验，减少精神负担和体力疲劳，从而实现操作的高效率、高可靠性、高精确性和高愉悦性。

4.产品形态的改良设计

在现实的产品改良设计中，最为常见的就是对产品形态的改良，因为产品形态是最直接与消费者交流的产品语言之一，通常消费者是通过产品的形态来判断产品的功能的。产品需要改良设计，大致有两种现象：第一种是产品功能、机构发生了新的变化，而影响到产品的形态发生变化。第二种是当产品销售到一定时期，逐步失去了它昔日的竞争力。这时，如果产品的使用功能没有被淘汰，那么在保持产品原有功能的前提下对形态进行改良和创新，使之以崭新的面貌出现在消费者面前，同样可以再次赢得强劲的市场竞争力。

产品一般给人传递两种信息，一种是理性信息，如产品的功能、材料、工艺等，是产品存在的基础；另一种是感性信息，如产品的造型、色彩、使用方式等，其更多地与产品的形态生成有关。从技术美学的角度来看，好的工业设计应该首先给用户带来最佳的问题解决方案。产品形态的改良设计正是以此为基础而展开，不断地对老产品的技术、材料、工艺等进行更新和优化，并使改良后的产品更好地向使用者传递信息。

思考题

产品改良设计的目的是什么？它的具体内容包含哪些？

第二节 产品外观的改良设计

任务描述

产品的外观是通过产品的外形、色彩、材质等方面来表达的，对产品外观进行改良是产品改良设计中最常用的方法之一。本任务将具体介绍如何调整产品的外形、更新产品的色彩、改善产品的材料。

学习目标

1. 熟悉调整产品外形的几种方法；
2. 了解更新产品色彩的设计原则；
3. 了解改善产品材料所需要遵循的原则。

基础知识

产品的外观是给消费者的第一印象，消费者在选购产品的时候会衡量这个产品是否美观，是否能满足自己的需求。所谓产品的外观设计，是指对产品的形状结构、表面图案、材质肌理以及色彩搭配等方面的设计。好的外观设计能给人带来美感，让该产品在同类产品中具有更好的市场竞争力。除此之外，产品的外观还承载着传达产品语义、表现产品风格、体现产品功能、符合人体工学以及保护产品内部结构等多种作用。

产品的外观主要通过产品的外形、材质以及色彩等三个因素来表现。一旦这三个因素的任何一方面没法继续满足消费者的需求，产品的商业价值就会降低，如果想延长产品的生命周期，就需要设计师对产品的外观进行改良设计。所以，本节将从产品的外形、产品的色彩以及产品的材料等几个方面对产品外观的改良设计进行介绍。

一、调整产品的外形

1. 简化产品的外形

时代的进步和人们生活水平的提高促使了人们审美观念的转变，在这样一个生活节奏加快同时能源和资源又日益短缺的环境下，人们越来越偏向于喜欢简约的造型和明快的视觉感受。设计师在进行产品改良设计的时候，对产品细节的取舍要得当，在产品整体外形简洁的前提下，对细节进行精心设计。简洁的外形式样不仅仅更加符合现代人们的审美需求，它还更适应于生产加工的要求，能够更好地节约资源和提高生产效率。

设计案例　　厨房壁挂置物架改良设计

图5-1　常见厨房壁挂置物架

图5-2　改良后的厨房壁挂置物架

图5-3　置物架侧面的外观比较图

厨房中的物品一般是多而杂的，市面上关于厨具用品的收纳方式也是多种多样。常见的厨房壁挂置物架如图5-1所示。这些产品多是用铝合金或者不锈钢之类的材料用焊接的方式成型的，一般具有细节粗糙、形态不简洁以及难以清洗等多种问题。

针对现有的问题，某公司用简化产品外形的方式开发了一款具有新意的厨房壁挂置物架，如图5-2所示。经改良后的产品采用塑料成型，整体造型简洁，线条流畅，给人感受干净清爽。表面贴覆具有木质纹理的膜，使其具有木质感，搭配家居环境更有温馨之感。由于采用了塑料作为材料，其成型方式与不锈钢或者铝合金不同，所以能够设计出许多具有变化又高雅的线条。

改良点1：流畅的外形

由于现有产品普遍采用铝合金或者不锈钢之类的材料，所以在造型上面受到很大的限制。经过改良之后的产品采用塑料材质，可以在外形上面做较大的改动，如图5-3为置物架侧面的外观比较图。可见，经改良之后的置物架在外观上面更简洁，线条更流畅，提升了产品的质感。

改良点2：表面装饰处理

原有的产品是金属材质的，能做的表面处理方式有限，所以一般都采用镂空的方式来进行装饰，显得呆板而不生动。经过改良之后的产品，采用塑料作为材料，表面处理的方式更为自由，可以用喷漆进行颜色搭配，所以选择了香槟金和银色的喷漆，使得外观生动而又雅致。除此之外，还采用木纹纸进行覆膜，使该产品作为家居用品更加地具有亲和力，和家居环境搭配更为协调。

改良点3：刀位置的摆放

通过市场调查与实际使用状况发现绝大部分的用户会把厨房壁挂置物架挂在厨房吊柜的下面，而厨房吊柜底部距离灶台面的距离一般为65cm左右，悬于下方的锅铲的长度一般为35～40cm，所以能够留给这个厨房壁挂置物架上部的位置还有25cm左右。除去置物架本身的高度10cm，上方的空间便制约在了15cm以内，从图5-1可见沿着墙的上方是插放刀的功能，在这有限的15cm距离之内想要把刀具方便地插入或者拔出是非常困难的。所以经过改良之后，将刀具的收纳部位设计在置物架的左侧前方，降低其摆放位置，可以真正地方便用户使用，如图5-4所示。

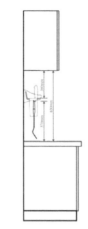

图5-4　橱柜与置物架之间的距离尺寸图

改良点4：刀具的安全保护设计

由于将刀具摆放在前方，刀刃容易给使用者造成误伤，所以出于保护用户安全以及刀具的角度考虑，设计了一个模块用于隐藏刀刃，该模块的风格与右侧放筷子等杂物的模块一致。在外观风格上尽量简洁，能起到美化作用，在功能上也起到了安全保护作用，如图5-5所示。

图5-5　刀具模块细节图

2.改变形态的比例

产品形态的比例主要是指产品本身每个部分的大小、长短、高低、薄厚等情况之间的对比，是指相互之间的相对度量关系。物体都有自身的比例，它的某一方面发生了变化，都会导致自身比例的变化，因而会改变自身的形态。所以设计师在对产品外观进行改良的时候，通过调整产品某些部分的比例关系，能够得到新的视觉效果。

以小汽车的外形设计作为例子，在设计中常常能够看到很多国内的设计师在设计车身时，为迎合国内消费者的需要会在车身体积和比例上下功夫，以求达到空间更大，但同时重量又不能太沉的要求。这就要求在车身的比例结构上做一些改良工作，既要保证前脸和行李厢的平衡，又要使外观显得更加轻便化。例如，某品牌轿车的外形正在逐渐的向驾驶室后移，这样的外形比例使得车身更具有力量感和方向感，迎合了消费者对驾驶中速度感的追求，如图5-6所示。

3.完善产品的外形

除了对产品的外形进行简化设计以

图5-6　某品牌汽车外观

及比例调整之外，在对产品的外形进行改良设计的时候还可以在原有产品的基础上进行完善。一种做法是找到原有产品存在的问题，从而进行改良；另一种做法是摒弃原有的大部分形态，重新设计一个全新的产品外形。不管是用何种方法，改良的是产品外部的形态，而不需要对内部结构做大的变动。

设计案例   遥控器的外形改良设计

对现有的遥控器进行分析，在现有产品基础上改良并设计几款符合市场需求的遥控器。首先对市场进行了分析，将目前市场上的遥控器大致分成了三种类型：简单实用型、现代内敛型以及时尚前卫型，并针对这三种类型分析了其他与之相关的类似风格产品，如图5-7～图5-9所示。

简单实用型：

其他产品的分析：

图5-7　实用简单型遥控器分析图

现代内敛型：

其他产品的分析：

图5-8　现代内敛型遥控器分析图

时尚前卫型分析：

其他产品的分析：

图5-9　时尚前卫型遥控器分析图

　　根据市场的调研，分析出的结果为：简单实用型多以实现功能性为主，造型上比较简单，不会让人有奢华的感觉，材质比较单一，主要是控制在最低成本的范围之内；内敛而又现代的产品多为中段产品的市场，材质上和工艺上都比较平淡，主要通过颜色和利落的外形来吸引人们的注意，讲究微妙的变化，整体大面积颜色的应用使得产品更加稳重；时尚系列型多为高科技产品，从材质和工艺上比较突出，造型大多数都比较竖挺，整体以方型为主，大气但不是很张扬，透明与不透明部分的对比比较强烈，突出产品的质感，颜色多数以中性色彩为主，给人以数码的时代感。

　　针对电视而言，遥控器的设计是其品质的重要体现，一款设计优秀的遥控器能够给使用者带来愉悦的感受，增强使用者对该品牌电视机的青睐之感。根据以上的大方向再对市上畅销的电视机遥控器作详细分析。如图5-10是一款定位于主流消费群体的日本某品牌液晶电视的遥控器。从侧面造型看，其整体厚度前后一致，使得整体宽度和厚度相统一，使用者在握遥控器任意位置时的手感相一致，但是这样也会造成遥控器整体过于厚重，握感偏硬朗的问题。在按键的功能设计上，将常用的数字区设计在了常用按键的上部，而将功能区设计在了离重心比较远的顶部。并且，在数字区设计了一个方便握持的凹陷点，这样可以有效防止拇指在握持遥控器时误操作。

图5-10　日本某品牌遥控器外形分析图

　　图5-11是韩国某品牌遥控器。从侧面看，该遥控器的线条流畅，由后往前逐渐纤细，整体曲线造型与握持遥控器时弯曲的手掌可以紧密贴合，给人以自然的握持感。在按键的功能设计上，将数字区设计在了常用按键的上部，在最顶端还增设了遥控其他该品牌影音娱乐设备的按键，可以用一台遥控器遥控更多的设备。但是由于遥控器过于细长，想要按触这些按键就需要改变握持遥控器的姿势，造成了使用方面的不便捷。

图5-11　韩国某品牌遥控器外形分析图

　　根据市场调查和消费需求，进而对遥控器的外观进行改良，针对简单实用型、现代内敛型和时尚前卫型这三个风格设计了一系列遥控器。

简单实用型风格：方案一

　　从使用者的角度出发，设计了具有宽大圆弧的按键，并且背面的曲线富有张力，能让手部舒适地贴合，如图5-12、图5-13所示。

图5-12　简单实用型遥控器方案一六面图　　　　　图5-13　简单实用型遥控器方案一透视图

简单实用型风格：方案二

　　该方案采用整体形态线条冷峻，体态挺拔的视觉效果。正面体现出现代简约之感，时尚硬朗；背部也以简约为主，给人以强大的时代张力，如图5-14、图5-15所示。

图5-14　简单实用型遥控器方案二六面图　　　　　图5-15　简单实用型遥控器方案二透视图

现代内敛型风格：方案一

　　该方案想从外形上产生感染力来打动消费者，采用简约流畅的线条，细节处理细腻，有视觉的对比感，生动而不张扬。将面板的操作中心的色彩材质与产品的整体进行区分，更为生动地表达遥控器造型的视觉效果，也便于使用者操作，如图5-16、图5-17所示。

图5-16　现代内敛型遥控器方案一三面图　　　　图5-17　现代内敛型遥控器方案一透视图

现代内敛型风格：方案二

　　该遥控器的设计方案在冰冷的金属表面，加上一抹迷人的色彩，使整个遥控器显得干练又不失现代个性的视觉感。面板采用S形，符合人机操作的需求，并展现出了曲线的柔美，如图5-18、图5-19所示。

图5-18　现代内敛型遥控器方案二三面图　　　　图5-19　现代内敛型遥控器方案二透视面图

时尚前卫型风格：方案一

　　该方案的设计中心是操作按键，大按键采用金属放射纹，加上一圈蓝色发光带，体现出一种品质感和强烈的科技感。整体线条硬朗挺拔，面板进行拉丝处理，给使用者带来触觉和视觉的双重美感，体现出时尚前卫的风格，如图5-20、图5-21所示。

图5-20　时尚前卫型遥控器方案一四面图　　　　图5-21　时尚前卫型遥控器方案一透视图

时尚前卫型风格：方案二

　　该方案用等边三角柱体，一改常见的长方体遥控器造型，在外形上面体现出新颖别致之感。遥控器采用不锈钢材质，对表面进行氧化处理，并加上透明亚克力底面喷油，给人带来别样的触感和视觉前卫感，如图5-22、图5-23所示。

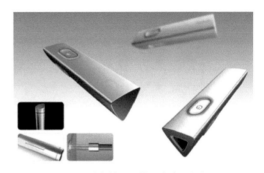

图5-22   时尚前卫型遥控器方案二正面图与顶视图　　　图5-23   时尚前卫型控器方案二透视图

时尚前卫型风格：方案三

　　该遥控器方案的灵感来源于河水的波纹，水自高向低流动，在有凹坑的地方会自动流进去，人在操作的时候，不用看手上的遥控器，只要手指在面板上自由滑动就可以轻松找到按键所在的位置。遥控器的背面采用整体金属外壳，给人一种冰凉的触感。整体造型以长方体为主，背部过渡面带有弧度设计，在冷峻的触感中给人曲面的柔感，如图5-24、图5-25所示。

图5-24   时尚前卫型遥控器方案三六面图　　　　图5-25   时尚前卫型遥控器方案三透视图

二、更新产品的色彩

　　色彩是产品造型要素中的重要因素，好的色彩搭配能最先引起消费者的注意，让消费者产生好感。据研究显示，人们观察物体时，在最初的二十秒中，色彩影响占了80%而形态的影响仅占20%，两分钟后，色彩的影响占60%而形态的影响占40%，当过了五分钟后，色彩和形态对消费者的影响各占一半。可见色彩对于提升消费者对产品的喜爱和提高产品的档次和竞争力有着很大的作用。

　　　　冰箱色彩改良设计

　　根据不同的人群有针对性地改良和开发冰箱的色彩方案。
　　目标群体为30～45岁男性，具有高学历的白领，并且崇尚简洁的欧洲生活方式。

（1）时尚蓝色彩方案　通过研究该群体喜好的各种物品，提取它们的共同特征，找出这些蓝色的色相、明度与纯度的特征，由此得出时尚蓝的色彩灵感，如图5-26所示。

图5-26　时尚蓝冰箱色彩方案及其灵感来源

（2）奢华金色彩方案　通过研究该群体喜好的各种物品，提取其共同特征，找出这些金色的色相、明度与纯度的特征，从而得出奢华金的色彩灵感，如图5-27所示。

图5-27　奢华金冰箱色彩方案及其灵感来源

三、改善产品的材料

在研发产品时可供设计师选择的材料种类繁多，量大而面广。而在设计中如何正确、合理地选用材料是一个实际而又重要的问题。改善产品的材料一般遵循以下原则：第一，基于材料的外观。考虑材料的视觉特征，根据产品的造型特点、民族风格、时代特征、使用人群的需求等，来选择合适的质感与风格的材料。第二，基于材料的固有特性。所选材料的固有特性应该满足产品的功能需求、使用环境、作业条件和保护环境的要求。第三，基于材料的工艺性能。所选材料应该具有良好的工艺性能，能够符合外观设计中成型工艺、加工工艺和表面处理的要求，应与设备及生产技术相适应。第四，基于材料的生产成本及环境因素特征。在满足设计要求的基础上，应该尽量降低生产成本，优先选用资源丰富、价格低廉、有利于生态环境保护的材料。第五，基于材料的创新。研发新的材料，或者对材料进行新的用法研究可以为产品设计提供更广阔的前景，满足产品外观改良设计的要求。

 刀架的改良设计

刀架是最常用的厨房配件产品之一，市面上的刀架材质有许多种，例如不锈钢的、竹木的、陶瓷的、铝合金的以及普通塑料的。但是刀架最容易存在的防水性能、抗菌性能以及防腐蚀性能等问题却得不到很好的解决。某公司在对刀架进行改良设计时，创新性地使用了抗菌ABS材料，这种塑料是混入了一定比例的抗菌剂的塑料。抗菌ABS塑料具有优越的抗菌和杀菌性能，并且使用方便，加工性能优良，如图5-28所示。

图5-28　抗菌ABS塑料材料刀架改良设计

应用训练

对产品进行外观改良可以从哪几个方面入手？请以身边熟悉的物品为例子，从产品的外形、色彩或者材料等角度出发，对其进行外观的改良。

第三节　产品使用功能的改良设计

任务描述

产品功能是一个产品所具有的特定职能，是该产品总体的功用或用途。本任务将简要分析产品改良设计中对产品使用功能进行改良设计的方式，介绍产品功能的改进方法以及如何对产品进行功能的增减改良。

学习目标

1. 了解产品功能的具体内容；
2. 熟悉如何对产品的功能进行改进；
3. 熟悉如何对产品的功能进行必要的增减。

基础知识

产品功能是指这个产品所具有的特定职能，即是产品总体的功用或用途。消费者购买一种产品实际上购买的是产品所具有的功能和产品使用性能。例如，汽车有代步的功能，冰箱有保持食物新鲜的功能，空调有调节空气温度的功能。产品功能与消费者的需求有关，如果产品不具备用户需要的功能，则会给用户留下产品质量不好的印象；如果产品具备消费者所不希望的功能，用户则会感觉企业浪费了消费者的金钱，也不会认为产品质量好。

现代工业产品不仅仅在造型上面变化多端，功能的设计也是越来越强大。产品的功能越多势必会造成产品结构与产品外观形态的复杂，如何将这样的复杂性与人们偏好视觉简洁的特征有机结合，需要设计师不断地努力。产品的众多功能中，可以将其按照功能的主次、功能的性质以及用户的实际要求来进行分析。

1. 分析产品功能的主次

什么是产品的主要功能？产品的主要功能是指为了达到产品的使用目的，满足消费者的需求，发挥产品的效果所必不可少的功能，它是产品赖以存在的前提条件，也是一件产品具有使用价值、能够商品化的根本保证。什么是产品的次要功能？产品的次要功能是为了更好地实现主要功能而添加的功能。它的作用是辅助性的，是实现产品主要功能的手段。

2. 分析产品功能的性质

根据产品功能的性质的不同，可以将其分成物质功能和精神功能两类。物质功能是指产品的实际用途或使用价值，能够满足消费者的物质需求，能带给消费者自身功能的扩展，一般包括了产品的适用性、可靠性、安全性和维修性等，它是产品精神功能的载体。精神功能是指产品的外观形态、色彩、装饰、人机舒适性以及产品的物质功能本身所表现出的审美、象征性、教育等效果。精神功能是消费者在使用产品过程中所产生的一种心理体验，是消费者在获得产品功能后的一种满足感，产品功能的性质划分如图5-29所示。

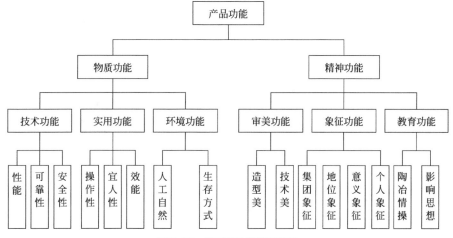

图5-29 产品的功能性质分类

3.分析用户的实际要求

根据用户对产品功能的实际需求，可以将功能分成必须功能和非必须功能。必须功能指的是能够满足消费者实用的要求，并得到消费者承认的功能。而非必须功能指的是产品的功能中有些不是消费者真正需要并承认的功能。在产品改良设计过程中，尤其要注意改进这些非必须功能。有时设计师在研发产品时，对用户的真正需求不完全了解，凭借自身经验或者主观想象进行产品的功能开发，结果造成该功能仅仅体现了设计师本人的意志却无法满足消费者的真正需求，这也会造成功能的浪费或者不足。所以这些没能将产品的形式与内容的关系处理好，导致产品的某些功能过剩，甚至没法正常使用，便使得产品存在了非必须功能，而这也恰恰是产品需要不断改良完善的原因之一。

一、对使用功能的改进

要对现有产品的功能进行改进，首先要回归到人们的需求。对产品功能的改进主要是指对原有产品的功能进行优化、充实和改进的再开发设计。需要设计师先分析、评估现有产品的功能，找到目前存在的缺点与优点，然后扩大其优点以及改善其缺点。在设计过程中首先要以易用性为原则，寻找产品与使用者之间最基本的关系，对产品的功能进行优化和改良。

厨房壁挂式调料架改进设计

现在的居住面积可谓寸土寸金，大部分户型的厨房面积都不大，而厨房台面的可使用面积也非常有限，所以，很多用户会选择使用壁挂的方式将调料架挂在墙壁上，这样可以省出一部分的台面空间来进行台面操作。而目前市场上大部分的壁挂式调料架如图5-30所示，使用率不高，空间高度被固定死从而不方便灵活运用每个层高。

图5-30　现有常用厨房壁挂式调料架

根据现有功能的不足，某公司进行了功能的改进设计。针对原有产品空间分布不自由的问题，设计了单杆可移动的方式来调节层距，如图5-31所示。针对有些墙面空间有限，不可以自由使用角落等空间的问题，设计了可旋转的功能，如图5-32所示。针对不易清洗的问题，设计了可拆卸、采用塑料材质的方式，整体效果图如图5-33所示。

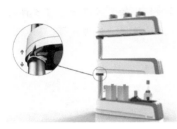

图5-31 层距可调节设计　　　　图5-32 可旋转设计　　　　图5-33 使用效果图

二、对产品功能进行增减

　　目前市场上很多产品为了追求受众群体的扩大化，将产品无限地进行多功能化，但事实上很多功能非常不实用，甚至是多余的。这些非必须功能是指产品不需要的功能，主要体现在以下三个方面。第一，多余功能。有些功能画蛇添足，不但无用，有时甚至有害。例如，初期的洗衣机上曾设计有脸盆，实践证明并没有必要。又如，在电风扇的扇叶保护罩上设计了图案，似乎增加了美学功能，其实不仅没有用而且影响送风质量。第二，重复功能。有两个或两个以上功能重复。例如，越野吉普车大多是在城市中使用，只要单桥驱动就足够了，双桥驱动就是重复，不仅提高了成本，增加了自重，耗油也增加。第三，过剩功能。有些功能虽是必要的，但满足需要有余，这是最常见的一种不必要的功能。例如，有过高的安全系数，过大的拖动动力，结构寿命不匹配等，都属于过剩功能。如前苏联早期的机械产品相当普遍地存在过剩功能。所以对产品功能需要进行增减的部分主要针对的是非必须功能。

设计案例　　厨房台面收纳设计

　　根据厨房常用台面物品的特点，设计一款能够收纳这些物品，并且外形美观的产品。开始该项目时，首先分析厨房台面常用物品的种类，包含了调料瓶、调料罐、调味香料、常用小工具、筷子、勺子等。产品的定位为中高端消费群体，一般为中青年具有较高生活水平的女性客户。目前市场上常用的厨房台式收纳产品，如图5-34所示。

图5-34 现有常用厨房台式收纳产品

　　某公司在推进该项目时，针对目前市场上的产品的功能进行了分析，并做出了改良。如图5-35所示，这款经过改良之后的厨房台面收纳产品，可以放入调料瓶与调料罐，并且增加了可以存放八角、茴香等香料的小收纳盒。两侧用可拆卸模块的方式设计了可以存放小工具以及筷勺之类的小餐具的位置。整体可以拆卸，易于清洁保养，外观新颖，高端大气，其使用效果图如图5-36所示。

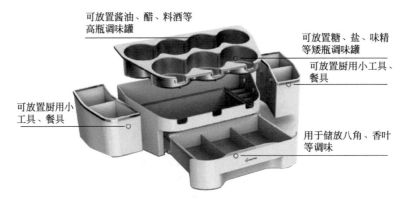

可放置酱油、醋、料酒等高瓶调味罐

可放置糖、盐、味精等矮瓶调味罐

可放置厨用小工具、餐具

可放置厨用小工具、餐具

用于储放八角、香叶等调味

图5-35　改良后的常用厨房台式收纳产品

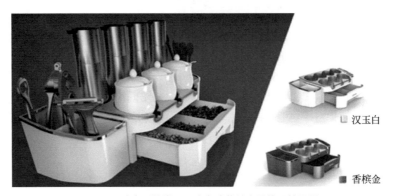

汉玉白

香槟金

图5-36　改良后的常用厨房台式收纳产品使用效果图

从功能的主次、功能的性质以及用户的实际需求等不同角度出发，如何对功能进行分类？以最常见的教室课桌椅作为主题，对其功能进行改良。

第四节　典型产品改良设计案例

任务描述

本任务详细介绍一个产品改良设计的具体案例。

学习目标

1.产品改良设计的具体流程与设计方法；
2.熟悉用户调研、设计研究等内容。

基础知识

产品的改良设计是对现有产品进行的整体优化和局部改进设计，它使产品更趋于完善，更满足使用者、市场以及环境的需求。随着社会的发展，科技的进步，文化观念的更新，人们对产品的需求是在不断变化的，所以，对产品进行改良也是一个可持续的行为。

产品改良设计是产品设计非常重要的一个组成部分，其内容和操作运行模式与现行的产品设计基本相同。从某种意义上讲，当前我国的工业设计绝大部分应该都是属于改良设计的范畴，真正的发明型的创新产品设计还是少数。产品改良设计涉及的范围非常广，从文化用品到交通工具，从电子产品到大型器械等各方面的产品都可以纳入产品改良设计的范畴。在消费者越来越强调个性化的今天，产品具有特色以及个性化特征才能具有更好的竞争力。以下为一个完整的触摸型遥控器产品改良设计案例。

一、用户调研

调研方式：问卷
调研地区：北京、广州和成都等大城市
调研对象：随机抽样（共36人）
调研思路：定量
调研内容：① 对现有遥控器的评价。② 对触摸式遥控器的评价。③ 对触摸式遥控器的购买兴趣。④ 触摸式遥控器的吸引人群和吸引点。

部分调研结果以及分析如下。

（1）家里拥有遥控器的个数　如图5-37所示，大部分家庭不止只有一个遥控器，甚至1/4家庭有5个以上的遥控器。

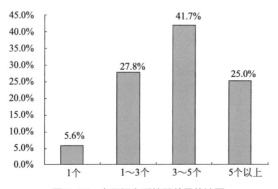

图5-37　家里拥有遥控器数量统计图

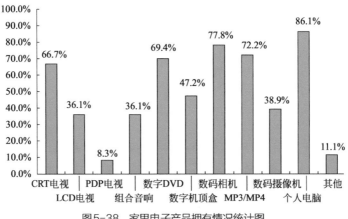

图5-38   家里电子产品拥有情况统计图

（2）家里电子产品的拥有情况   如图5-38所示，电视、电脑、数码产品、机顶盒、
DVD、音响等电子产品在用户家里普及率相当高。而对电子产品的整合是物联网时代的发
展趋势，所以在遥控器方面进行操控的整合迫在眉睫。

（3）对于遥控器在使用过程中遇到的问题分析   如图5-39所示，家里面拥有的遥控
器数量太多以及容易脏是用户遇到的最大问题。另外电池耐久性、遥控器不易寻找和按键
不好用也是经常发生。

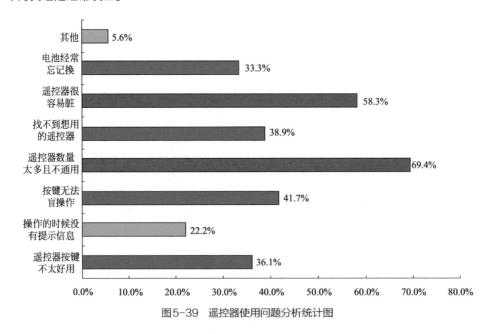

图5-39   遥控器使用问题分析统计图

根据分析，得出以下总结：① 触摸遥控器对于消费者的最大吸引力在于操作功能的
整合；② 触摸、信息反馈和背光提示等全新体验方式对消费者有一定的吸引力；③ 40岁
以下的年轻用户是触摸式遥控器主要考虑的对象；④ 虽然触摸式遥控器吸引了大部分消费
者，但是在购买过程中产生的作用却不大。

二、设计研究

1.研究用户人群的需求

通过感觉测试，来寻找消费者对遥控器潜在的喜爱感，如图5-40所示。可以看出，选择遥控器本身实用性的人数为13人，占有比较高的比例；而选择属于情感方面如愉悦的、趣味的因素有7人，也有不低的比例。

2.分析该品牌的自身特色

因为电视机遥控器要配合电视机使用，是电视机的附属产品，它的外形和功能必须配合其对应电视机的需求。当时的电视机朝着品质化、情感化的方向发展，体现出简洁而柔软的感觉，以黑色和金属性的感觉为主，多采用具有清爽感的材料。所以，得出结论为：在形态方面，强调简洁而柔软的立体感的奢侈形态；在色彩方面，采用光泽感的黑色以及蓝色的LED；在材质方面，多采用金属质感以及具有清爽感觉的透明塑料材料；在细节方面，在按键上体现出具有装饰意味的奢侈感，以及隐藏扬声器等。

3.分析设计方向

根据需求分成三个设计方向：愉悦趣味型、品质型、文化艺术型。

（1）愉悦趣味型 先搜集具有愉悦性和趣味性的电子产品，如图5-41所示，然后分析这些产品的共同特征，从中提取可借鉴要素。

分析其要素：形态方面多为优雅的圆角；色彩方面多采用橙色以及彩色；材料方面采用一些灯光的律动；细节方面多采用界面图案化，采用新奇的细节。

（2）品质型 先搜集具有品质性的电子产品，如图5-42所示，然后分析这些产品的共同特征，从中提取可借鉴要素。

分析其要素：形态方面多为超薄和简洁形态；色彩方面多采用经典色，以及强对比效果；材料方面采用高亮的材质；细节方面采用精致的元素，具有奢华之感。

（3）文化艺术型 先搜集具有文化性和艺

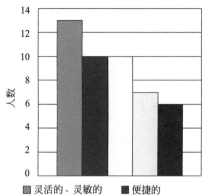

图5-40 消费者感觉测试分析图

灵活的、灵敏的 便捷的
健康的 愉悦的、趣味的 放松的

图5-41 愉悦趣味型产品搜集

图5-42 品质型产品搜集

图5-43　文化艺术型产品搜集

术性的各类产品，如图5-43所示，然后分析这些产品的共同特征，从中提取可借鉴要素。

分析其要素：形态方面多采用抽象化、中国文化元素、几何图案构成等方式；色彩方面多为经典色；材料方面采用传统材料，表现出陶瓷、玉等质感；细节方面体现出纹理的应用。

4.设计基本要求分析

（1）本质　连接人和电视的媒介，通过媒介传递信息和反馈信息。

（2）怎么灵活灵敏、便捷、健康、放松的传递信息和反馈信息呢？视觉传递：界面的清晰、易懂、间距合适合理、使用习惯。触觉传递：手感、操作习惯、防滑、舒服。听觉传递：声音。

（3）整体要求　设计体现"全触摸"使用方式特点，达到"无须看遥控器即可完成常用操作"的核心设计目标；在现有按键基础上，探讨按键组合的可能性，让用户更容易理解和使用这些功能；形态以方和圆为基本元素，这样易于把握、手感出众。

（4）细节要求　常用的换台、音量调节功能，通过手指在触摸板上滑动实现，需要一定的压力操作；触摸板可以做成背面透光效果；其他按键采用电容感应触摸键，有背光；可以让不同的按键组合依据要求依次亮起；内置锂电，以Mini USB接口充电；防水设计。

三、方案设计

（1）方案一：如图5-44～图5-46所示。

（2）方案二：如图5-47、图5-48所示。

（3）方案三：如图5-49～图5-51所示。

设计说明

1.整体圆润优雅的形态，优美曲线，时尚奢侈形态；

2.色彩高亮黑，柔和银色彩；

3.材料采用细腻的金属感，高亮黑上光面与哑面的质感对比；

4.装饰上应用豪华感的纹理图案

参考图片

图5-44　触控遥控器方案一设计效果图一

工艺说明

1.细腻质感，真空镀，透光字符\电铸；
2.操作区，白光显示；
3.电镀环；
4.内凹触摸板；
5.纹理磨具处理；
6.斜纹电铸标牌；
7.背面凸点模具处理

参考图片

细节表达

—— 学习模式
—— DVD模式
—— DVB模式
—— TV模式

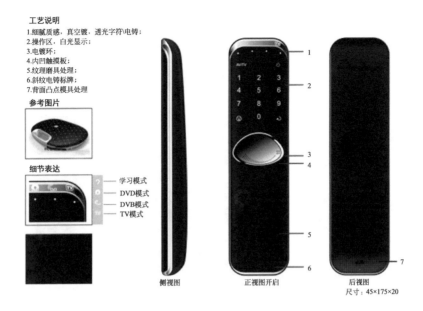

侧视图　　　　正视图开启　　　　后视图
尺寸：45×175×20

图5-45　触控遥控器方案一设计效果图二

色彩方案

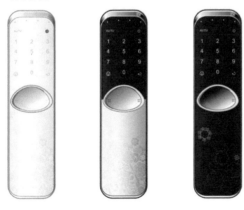

图5-46　触控遥控器方案一设计效果图三

设计说明

1.整体几何形态，简洁纯粹；
2.色彩采用光泽黑，配合灰阶格子；
3.材料采用高亮质感，IMD工艺处理；
4.几何图案的元素装饰，体现内涵

参考图片

图5-47　触控遥控器方案二设计效果图一

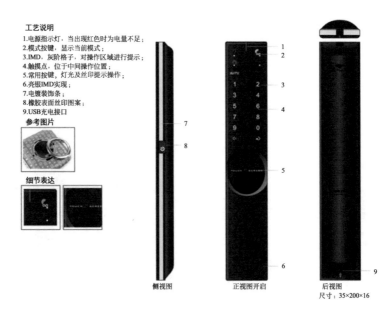

工艺说明

1.电源指示灯,当出现红色时为电量不足;
2.模式按键,显示当前模式;
3.IMD,灰阶格子,对操作区域进行提示;
4.触摸点,位于中间操作位置;
5.常用按键,灯光及丝印提示操作;
6.亮银IMD实现;
7.电镀装饰条;
8.橡胶表面丝印图案;
9.USB充电接口

参考图片

细节表达

侧视图　　　正视图开启　　　后视图
尺寸:35×200×16

图5-48　触控遥控器方案二设计效果图二

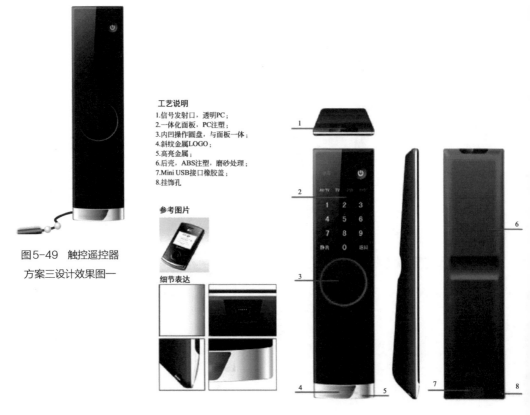

图5-49　触控遥控器
方案三设计效果图一

工艺说明

1.信号发射口,透明PC;
2.一体化面板,PC注塑;
3.内凹操作圆盘,与面板一体;
4.斜纹金属LOGO;
5.高亮金属;
6.后壳,ABS注塑,磨砂处理;
7.Mini USB接口橡胶盖;
8.挂饰孔

参考图片

细节表达

图5-50　触控遥控器方案三设计效果图二

色彩状态

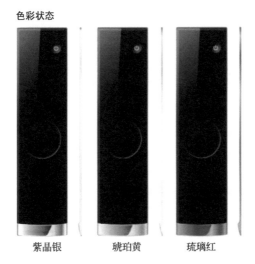

紫晶银　　　　　　琥珀黄　　　　　　琉璃红

图5-51　触控遥控器方案三设计效果图三

应用训练

　　请观察身边的产品，选择一个产品进行改良设计，不仅仅对外观进行改良，还要对其功能进行改良。

第六章 产品创新设计

06 Chapter

第一节 关于产品的创新设计

任务描述

产品创新对于企业来说具有非常重要的意义，它能够通过预测和适应未来的发展变化，来改善企业的产品结构和经营状况，它是企业在激烈竞争中保持领先的法宝。本任务将简要介绍产品创新设计的概念与意义。

学习目标

1.了解什么是产品的创新设计；
2.熟悉产品创新设计的意义。

基础知识

一、什么是产品的创新设计

1912年，经济学家熊皮特在《经济发展概论》一书中提出了关于"创新"的概念：创新是将生产要素与生产条件进行重新组合，并引入到生产体系中。创新是人类特有的认识能力和实践能力，是人类主观能动性的高级表现，是推动民族进步和社会发展的不竭动力。一个民族要想走在时代前列，就一刻也不能没有创新思维，一刻也不能停止各种创新。创新在经济、技术、社会学以及建筑学等领域的研究中举足轻重。

产品的创新设计是以产品为载体，在产品的功能、结构、外形等多方面进行创意开发的设计，使产品能为企业带来良好的效益，能够服务于社会，满足市场的需求。创新是一个国家、一个民族实力的象征。在全球经济一体化的今天，市场竞争越来越激烈。一个企业所制造的产品是企业赖以生存和发展的基础，企业所追寻的各种目标都依赖于产品。一个企业若能够拥有一个受市场欢迎的产品，就能够给企业带来较好的收益，并且可以让企业进入良性循环从而不断发展壮大。随着科学技术的发展和知识经济的到来，创新已从过去的偶然性发展到了今天的必然性。

　　无论何时，一个企业所拥有的产品优势都只是一时的、相对的，没有一款产品能够成为市场的常青树给企业带来源源不断的效益。如21世纪初的诺基亚、摩托罗拉等手机；20世纪70年代的凤凰、永久等品牌自行车，如图6-1所示。这些产品都保持了相当长一段时间的销售冠军，但是随着科技的进步和时代的发展，这些品牌都被后来者超越，并慢慢地在人们的视线中消失。所以企业不能让产品墨守成规，应该不断地坚持创新，开发出新的符合时代需求的产品。

图6-1　诺基亚手机和凤凰牌自行车

二、产品创新设计的意义

1.满足人们的物质、文化需求

　　人是一切产品创新的最根本的动机，任何产品的创新都是因为人的需求而存在的。有了人的需求，才有了产品、才有了设计，因此，产品的创新最直接的目的就是为了更好地满足人们的物质以及文化的需求。所以需求是产品创新的最大动力，也是最重要的意义之一，只有去挖掘人们对物质、对文化的需求，找到突破口，才能做出有实际效用的产品创新。

2.提高生活水平，改善生活方式

　　现代社会中产品的创新是人们生活方式改变的直接因素，也是提高人们生活水平的重要方面。为了使人们获得更方便、快捷的使用体验，研发设计人员不断地进行创新，逐渐地影响和改善人们的生活方式。现代的产品创新设计不仅仅旨在提高人们的生活水平，更多的是要关注人类与生态的平衡，引导人们的生活方式，共同面对日益恶化的生态危机，面对人类文明以及地域文化的丧失，面对人类民族多元文化的继承和发展等问题。

3.发展经济，富民强国

　　在国家大力扶持和各地政府共同努力下，以产品创新为主要任务的工业设计产业抓住了工业转型升级的历史契机，发展迅速，成为制造业快速发展的助推器。随着我国产品创新能力的不断提高，设计产业的国际化水平也显著提高，国际市场竞争力不断提升。"十八大"明显提出"科技创新是提高社会生产力和综合国力的战略支撑，必须摆在国家发展全局的核心位置"。强调要坚持走中国特色自主创新道路、实施创新驱动发展战略。经济发展始终是国家富强的标志，通过产品创新设计，能够提高产品的附加值，增强企业的竞争力，推动经济的发展。

产品创新设计的目的是什么？产品创新设计最直接的意义是什么？

第二节　产品创新设计的特征

在产品创新设计的历程中，一个产品的诞生，不仅仅是技术的创新或者外观的变化，它具有鲜明的特征。本任务将简要介绍产品创新设计的几种不同的特征。

学习目标

1.了解产品创新设计特征的主要内容；
2.熟悉产品创新设计的不确定性和市场性。

基础知识

时代的发展与科技的飞速进步，使得形形色色的新产品出现在人们的眼前，许多创新的产品甚至颠覆了人们的观点和社会生活方式。在产品周期更替中，很多产品盛极一时，它们从繁盛到衰落，走完生命周期后自然退出；更多产品则经过不断改善，成为沿用至今的经典产品。然而成功的毕竟是少数，在屈指可数的成功产品背后，有着无数的产品铩羽而归，或者昙花一现，甚至中途夭折。所以，在产品创新设计的历程中，一个产品的诞生，不仅仅是技术的创新或者外观的变化，它具有鲜明的特征。

一、创新收入的非独占性

所谓创新收入的非独占性是指创新者相对容易获取创新活动中所产生的全部收入。当一个新产品的技术、配方、外观等特点不足以抵挡竞争对手的模仿时，创新所带来的竞争优势就是暂时的，市场份额就会被竞争对手瓜分，这就造成了产品收入的非独占性。如一款新型饮料的配方是一种知识，而知识的复制要比知识的创新容易得多，如果该饮料畅销，会导致其他厂家通过正常或者非正常的手段获取这种新的配方，然后也生产这款饮料或者类似饮料，造成了产品创新收入的非独占性。

二、产品创新的不确定性

首先，开发的不确定性。创新是一种失败率较高、成功率较低的行为，一款新产品的开发要经过成百上千次的实验和探索才能成功。如比罗（Bíró）兄弟做了351次设计和实验才最终发明了圆珠笔。不确定性是创新行为的基本特点，主要有技术的不确定性、市场的不确定性以及创新过程的不确定性等多方面因素的影响。

1.技术不确定性

技术是人类改变或者控制客观环境的手段或活动，是一门多学科综合交叉的技术。随着网络技术、信息技术、计算机技术等不同技术的迅猛发展，使得技术的成功难度增加了不确定性，技术效果和产品的使用寿命也都增加了不确定性，导致了技术的未来高度不确定性。

2.市场不确定性

市场的不确定性主要表现在：新技术产品是全新的产品，商家对市场规模和容量难以作出准确的估算，导致难以确定用户的接受能力，从而难以确定不连续技术的最佳应用市场。市场的不确定性是由新技术产品市场的不确定性引起的。全球最大的胶卷生成商美国伊士曼柯达公司曾经创造过很多辉煌，但由于后来对市场的不确定性因素把握不够而导致破产。

3.产品创新过程的不确定性

在产品创新的过程中可能存在政策风险，也可能不符合国家或者地方的环保政策、能源政策、科技政策和外贸政策，或者无法获得产品、原材料、设备以及技术的进口许可证等因素，这些都会导致产品创新过程中困难重重。而在产品生产过程中，如果遇到难于实现大批量生产、工艺不合理或者生产周期过长、成本过高等各式各样的问题都有可能导致产品创新的失败，增加其不确定性的可能。

三、产品创新的市场性

产品创新活动与科学技术的根本区别就是对市场的强调。产品创新活动始终是围绕着市场目标而进行的，强调的是市场价值，纯粹的技术突破不属于产品创新。像美国航天飞机至今为止仍然是属于科学技术的范畴，而不是产品创新。国内许多企业在引进技术或开发新产品时，注重的是技术而漠视对市场的研究，导致了产品创新的失败。我国现有的科学成果很多，高校和科研院所每年还有相当数量的新成果问世，但有产业化价值的成果却很少，这主要是因为科研中不注重与市场的联系。

四、产品创新的系统性

什么是系统？系统是由若干相互联系、相互作用的要素所构成的具有特定功能的有机整体，所以产品的创新需要从整体上去观察问题、考虑问题，在注意局部的同时，还要注意各局部之间的相关性、有序性、动态性的有机联系。产品的创新有一套体系，从目标的制定到目标的实现，其中各个环节都是相互照应，相互联系的，无论是产品创新活动本身，还是参与各个环节的人员都是紧密联系的，所以产品创新是一个系统的工程。

思考题

产品创新设计有哪些特征？产品的创新设计是如何体现出市场性特征的？

第三节　产品创新设计思维的种类

任务描述

思维是人类特有的一种精神活动，思维是人脑对客观事物的间接和概括的反映。产品创新设计的过程是基于一定的创新思维基础之上的，创新设计思维是优秀设计师的必备能力之一。本任务将具体介绍不同的设计思维方式，并辅以相关案例进行说明。

学习目标

1.了解产品创新思维的不同种类；
2.熟悉每种设计思维的具体要求。

基础知识

思维是人类特有的一种精神活动，是人脑对客观事物的间接和概括的反映。思维活动是在创新主体和客体相互作用中进行，它是对客观事物进行分析、综合、判断、推理等的认识活动。如何在今天的市场经济条件下有效的创新，选择最佳途径和手段，创新者的思维方法是非常重要的。自古以来人类的一切发明创造无一不凝聚着思维的结晶。

一、想象思维

设计艺术家的想象活动，往往是以记忆中的生活表象为起点，通过以往的体验、记忆，运用各种手段，再将这些记忆组合，并从中产生新的艺术形象。因此，无论从事哪一类的艺术创造，都离不开想象思维。

设计案例　　儿童益智玩具设计

设计背景：目前市场上的儿童益智类玩具种类繁多，但畅销的种类却很少，其中克隆外国儿童玩具占很大比例，而中国传统益智类玩具所占比例很小。儿童益智玩具质量参差不齐，在设计上鲜有创新，并且产品缺少内在文化。

设计定位：产品的使用人群为1～3岁，处在婴儿期后期的儿童。本产品所需要具备的功能为娱乐功能、儿童智力开发功能。

　　设计构思：充分利用想象的思维，在造型上采用动物的形态，动物的造型对儿童来说比较有吸引力，摩天轮部分则是配合动物部分，仿造树叶的造型，是一种贴近自然的设计。在玩具中，融入了大小、颜色之分，是一个组合的形式，培养孩子的动手能力。以雪花片作为单元部件，可以取出供孩子自由组合，培养孩子的想象力。另外，也能够培养孩子养成整理玩具的好习惯。产品主体部分为温色系浅米色，融入了一些鲜艳的颜色，如红、黄、蓝、绿和橘色。手绘方案如图6-2～图6-4所示。

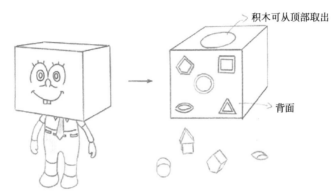

图6-2　儿童益智玩具设计手绘方案一

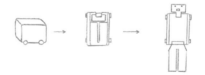

图6-3　儿童益智玩具设计手绘方案二

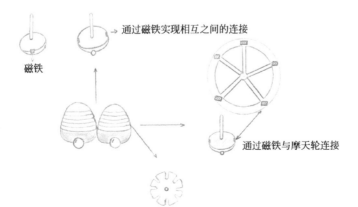

图6-4　儿童益智玩具设计手绘方案三

设计效果图：最终实物效果图如图6-5、图6-6所示。

图6-5　儿童益智玩具设计实物效果图一　　　　图6-6　儿童益智玩具设计实物效果图二

二、顺向性创新思维

　　顺向思维就是常规的、传统的思维方法，是指人们按照传统的从上到下、从小到大、从左到右、从前到后、从低到高等常规的序列方向进行思考的方法。人类创造了许多知识，光停留在会背会记是没有用的，一定要对原有的知识进行延伸和发展，而顺向性创新思维正是这种沿着问题一直思考的创新思维方式。

 **折叠式高空作业平台设计**

　　高空作业平台涌入市场以后，以其高效性占领了广大市场，在高空抢险救灾、广告业、采矿业、交通路桥等行业也被广泛使用。此外，许多空中墙面、灯具等设备的维修与清洗保洁，也依赖高空作业平台。目前市场上常见的产品主要有剪叉式、曲臂式、桅柱式、直臂式四种高空作业平台，四种产品都有优点和缺点。经过研究，决定采用顺向性创新思维借鉴以上四种高空作业平台的优点，设计一款便于存放，易于长途运送，满足当下市场功能需求的高空作业平台。其中采用新的结构，使闲置的高空作业平台有较小的存放体积，在满足功能的同时，更多地考虑人机工程因素，为工人带来便利，提高工作效率。

　　产品结构和零件的尺寸要满足工程力学，才能够承担起作业平台和工作人员的重量，所以如图6-7所示的双层折叠臂需要合适的尺寸。材料一般选择铝合金材料或者锰钢材料。

　　如图6-8所示为双层折叠臂结构受力分析图，产品上部结构的重力相对于工人体重较小，主要受力为作业人员及携带工具的重力，若要使平台承受200kg的重量，OA段折叠臂截面的尺寸大小需要计算获得。

　　如图6-9所示力学分析图，采用截面法，设P点为截面，设AP两点距离为x，则当$M(A)=0$时，有：$M(p)=G\times(4.5-x)$，当x取0时，P点所受力矩最大，$M(p)=4.5G=9000(N\cdot m)$。

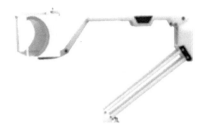

图6-7　双层折叠臂图

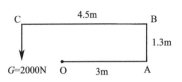

图6-8　双层折叠臂结构受力图

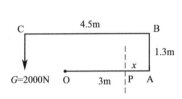

图6-9　双层折叠臂结构力学分析图

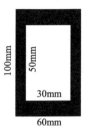

图6-10　双层折叠臂截面尺寸图

根据许可弯曲应力计算公式 $\sigma = M(p)/W \leqslant [\sigma]$，可得 $Wz \geqslant 57mm$，铝合金的许可弯曲应力在150 ～ 190MPa之间，此处取常用数值158MPa，Wz 为抗弯截面模量。

如图6-10为折叠臂截面尺寸图，根据抗弯截面模量计算公式：$W = (bh^3 - b_1h_1^3)/6h$，采用四根折叠杆时，可以满足应力需求。另外铝合金的密度约为2.702 g·cm^{-3}，相比于作业人员和工具的重力很小。

最终实物效果图如图6-11、图6-12所示。

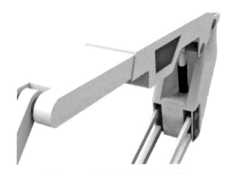

图6-11　伸缩滑动折叠效果图

图6-12　高空作业平台设计实物效果图

三、逆向性思维

所谓逆向性思维，就是从相反的方向去考虑，逆向性思维往往表现为对现存秩序和既有认识的反动。从某种程度上说它是对固有的、公认的"真理"进行大胆地怀疑，也是人类对未知领域的一种追根究底的探索。逆向性思维是一种行之有效的科学思维形式。

逆向设计是利用反方向的思维方式，将人的思路引向相反的方向，从常规的设计观念中剥离出来，进行新的创意方式和设计方法。逆向设计往往能取得出其不意之效果。

设计案例   儿童文具创意设计

设计背景：当前社会经济飞速发展，社会竞争日益加重，使得父母对子女的生活与教育投入的比重也越来越高，这也激发了儿童用品消费市场的巨大潜力，商家对儿童用品的宣传也使人应接不暇，儿童用品设计进入了新的阶段。在学习用品方面尤其是文具的设计生产，与以前相比都发生了天翻地覆的变化。

设计构思：3 ～ 6岁的学龄前儿童需要智力开发，应该附带益智功能。如果从文具的角度进行思考，就跳脱不开原有文具形式的限制。为了增强该儿童文具的创意性、实用性与使用寿命，采用逆向思维的方式，从玩具的角度进行思考。将拼接玩具的使用功能与文具相结合，带来不同的效果。

设计效果图如图6-13所示，趣味拼接创意效果如图6-14所示，最终实物效果如图6-15所示。

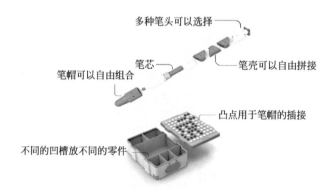

图6-13　儿童文具创意设计效果图

图6-14　儿童文具趣味拼接创意效果图　　　　图6-15　儿童文具趣味拼接创意实物图

四、仿生思维

在设计中注重功能仿生的运用，对自然生物的功能结构进行提炼概括，然后依照自然生物的形态机构特征，研究开发出既有一定使用价值，又能呈现出自然形态美感和功能的产品。注重产品设计功能的仿生，可以从极为普通而平常的生活结构功能上领悟出深刻的功能结构原理，并从生物的结构式、功能上获得直接或间接的形态造型启发，继而对工业产品进行创造性的开发与原创性的设计。

人们在长期向大自然学习的过程中形成了仿生设计，经过经验的积累、选择和改进自然物体的功能、形态，创造出更为优良的产品设计。仿生设计的运用，不但可以创造机构精巧、用材合理、功能完备、美妙绝伦的产品，同时也赋予了产品形态以生命的象征，让设计回归自然，增进人类与自然的统一。

 儿童画架创意设计

设计背景：孩子的幼儿期及少儿期的绘画活动，是培养人类创造力的关键期。在此期间积极地引导孩子用画板进行绘画，培养他们的绘画兴趣能为孩子未来认识和创造世界的活动打下较好的基础，培养他们的观察能力、记忆能力、思维能力、想象能力、语言能力、动手能力。

定位人群：1～12岁的儿童，采用木质材料，设计一款带有收纳功能的儿童画架。其中包含简单的拼合机构，在培养孩子绘画的同时，为幼儿期的儿童树立收纳的概念，培养孩子整理物品的好习惯。

设计构思：区别于市面上的儿童画架，用仿生的外形效果来吸引孩子的注意，采用受孩子喜欢的长颈鹿的形体作为仿生对象，提升其趣味性，如图6-16所示。

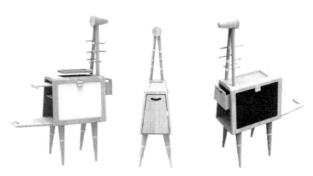

图6-16　儿童画架仿生设计

五、发散思维

发散思维是通过想象，让思想自由驰骋，冲破原有的知识圈，提出许多种新设想。收束思维则是对上述各种设想进行整理、分析，通过缩小探索区域，来选择其中最可能实现的设想。既要善于发散，又要敢于收束。创新和发明就是在这两种思维的相互制约下出现的。人们要解决某一具有创造性的问题时，首先得进行发散思维，设想出种种可能的方案；然后再进行收束思维，通过分析比较，确定一种最佳方案。

设计案例　中药香薰保健器具设计

　　设计背景：当今社会，很多人意识到养生保健的重要性，却又无从下手。生活、工作上的压力，让人无法保持良好的生活习惯，进而寻求药物的帮助，铤而走险。然而，很多人不愿意依赖药物，提倡提高自身免疫力。香薰保健作为一种新型保健法再次被人们从历史的洪流中挖掘出来，但是类别很少，功能单一，没有被普及。因此香薰保健迫切地需要一个载体，让它完美地展现在世人面前。目前的香薰器多为雾气，原料是植物精油，功能单一，保健效果不明显。本次设计是将中药作为香薰原料，根据中药香薰的特性，设计一款具有传统香薰特色又不失现代感的中药香薰保健器。

　　设计构思：采用发散思维的方式，结合了人机工程学、色彩心理学，从外观、结构、材质等多角度考虑，设计了多个款式的中药香薰保健器具方案，如图6-17～图6-20所示。

图6-17　中药香薰保健器具设计方案一

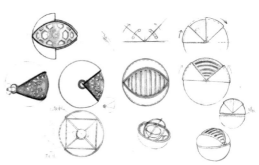

图6-18　中药香薰保健器具设计方案二

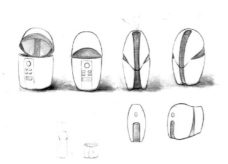

图6-19　中药香薰保健器具设计方案三

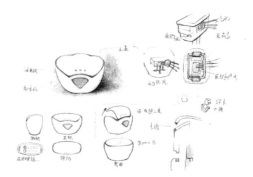

图6-20　中药香薰保健器具设计方案四

应用训练

　　根据本节内容，从想象思维、顺向或逆向思维、仿生思维以及发散思维等创意思维方式出发，选择其中一种思维方式进行一款产品的创意设计。

第四节　典型产品创新设计案例

本任务详细介绍两个产品创新设计的具体案例。

1. 了解产品创新的具体流程与设计方法；
2. 熟悉设计构思、方案表达等方式。

基础知识

案例一：古筝造型设计

1. 设计背景

随着时代和科技的进步，人们的生活水平越来越高，温饱问题解决了，人们就越发追求艺术对心灵的陶冶。现在越来越多的人喜欢古筝这个中国的传统乐器。但是，现代人们对艺术的追求并不相同，有人喜欢市面上传统的古筝造型，也有人喜欢能够展现自己个性、有现代感、古典但是不传统的古筝造型，还有一些古筝使用者在多年使用古筝的过程中发现了目前古筝有待改良的方面。然而，市面上只有传统古板的古筝。

通过对古筝用户的调研，发现他们在使用古筝过程中遇到了如下问题：如琴架太大不方便搬运，琴谱架太大比较占地方，古筝放在地面弹奏出音的效果极差，古筝的二十一个筝码大小难以区分，琴头琴尾容易破损影响整个琴的美观等。古筝体积比较大，在搬运过程中难免发生碰撞，古筝全部是木制材料，极易破损，一旦破损，不仅不好修复而且容易划伤演奏者。更为苦恼的是，古筝两侧的破损并不影响古筝的音色，如果因为破损而更换了古筝不仅浪费金钱，而且浪费木材。

2. 设计构想的提出与论证

第一，能否改变面板的颜色？

论证：不可以改变面板的颜色。

根据古筝的加工过程，面板需要经过火焰烧烤炭化的步骤，面板自然呈现出深褐色偏黑色。这种炭化，不仅使面板进一步松透，更能增强面板刚度和弹性，炭化的面板使古筝的外观具有古朴之风，更使文火的热量渗入到面板的反面，从而让共鸣体的应力达到新的平衡状态。

炭化后的面板表面粗糙，如果要在表面上色，需要面板表面光滑，但是不能将表面处理光滑，因为在大力度演奏时，紧贴面板表面的筝码底部会随着琴弦振幅的方向移动，如果没有面板表面粗糙的木纹阻碍，极易发生筝码的挪动等严重影响演奏和音色的现象。

为防止炭化的面板表面影响美观，可以用含有钢丝的板刷对其表面进行"刷磨"的工序，将面板表面松、硬不同的纹理刷成粗疏的长条凹凸状，如图6-21所示。

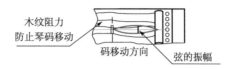

木纹阻力
防止琴码移动

码移动方向　弦的振幅

图6-21　古筝面板刷磨工序

深褐色的粗糙面板还可以阻止光的反射，保护演奏者的眼睛。所以不能改变面板的色彩。

第二，能否改变侧板的造型？

论证：不可以改变。

通过研究古筝的制作过程以及其他调研可以发现，侧板的结构形状决定了古筝共鸣箱的形状，在古筝共鸣体中，与发音直接有关就是共鸣箱，共鸣箱的形状改变无疑会影响古筝的发音效果。但是，可以改变贴在侧板外侧的装饰形状，但必须保证共鸣箱的形状不发生变化。虽然装饰侧板的造型可以改变，但是这一改变不仅会给加工带来巨大的麻烦而且浪费材料增加古筝的重量。

第三，能否改变古筝头尾的造型？

论证：可以改变。

经过调查表明，现在市场上的古筝琴头的开盒实际上是影响古筝音色的，因为它与古筝共鸣箱是一体制作的，面板与底板共用。在琴盒中放入其他物品也会影响古筝的音色。一般大师级别的演奏者选用的古筝都是无琴盒的古筝。

所以琴头的形状可以改变，但是，如果去除琴盒也会给演奏者带来一些不便。平时古筝的调音器，假指甲，备用琴弦都放在琴盒中，方便弹奏时随时使用。如果要保留琴盒就必须改变古筝的琴头设计，让琴头与古筝的共鸣箱断开。古筝琴尾也可以做一些删减处理。

第四，古筝上的装饰会不会影响古筝的音色？

论证：有影响。

经过调查表明，附着在共鸣体上的任何部件，从理论上来讲，对古筝的声音均是有影响的，所以古筝在制作过程中不用任何金属键连接。古筝上的装饰大多是镶嵌其他材料或者镂空处理。古筝上过多的装饰不仅会增加古筝的价格也会影响古筝的音色效果。但是如果不加装饰，古筝面会显得过于朴素。为了达到装饰的效果，最好的就是改变古筝造型，在造型上弥补装饰的不足。

第五，能否改变古筝装饰贴面的材质？如替换为亚克力板等。

论证：可以改变。

古筝的贴面是指古筝的侧板贴面、头尾的装饰贴面，以及古筝头尾的装饰板。侧板是不影响古筝音色的，但是头尾两处的用料多少会影响音色，所以，为达到完美音色，一般装饰件越少越好。

第六，能否改变岳山的形状？

论证：可以改变。

岳山主要起到的是放置琴弦的作用。前岳山为平直的，主要是为了琴弦一端能齐平，方便演奏者弹奏。琴尾一般用"S"型岳山，但是也有用平直岳山的。"S"型岳山会给琴尾留出一片装饰空间，平直型的则减去了这部分空间。

第七，古筝破损能不能修补？

论证：小伤痕可以修补，大伤痕无法修补。

泡桐面板材质非常松，不小心被异物碰及易产生小的凹陷，但是有了凹陷不能用化学胶水拌木粉贴平凹坑，这种做法对古筝音色会有影响。应该用清水滴入凹坑中，让其慢慢吸湿，使瘪陷的泡桐反弹上来，如恢复不到原来的位置，可用动物性胶水拌泡桐粉抹平，磨光后用虫胶片液修色。动物性胶水干后，固化胶水里有自然的空隙，不会影响声音的传导。如果不太看重外表的小缺陷，一般无需修补，对音色无碍。

修补过程不仅麻烦还会留下痕迹，而且这种修补只是针对小面积破损而言的。琴头和琴尾是容易破损的地方，在搬运过程中最容易发生碰撞。然而这两个部件并不是古筝的核心部件，如果因为他们的破损影响了古筝的造型，导致将古筝丢弃，实在不值得。

3.设计构想的确定

经过提问与论证方式的创意点收集，在以后的古筝设计中需要做到以下几点。

第一，要保证古筝的发音及可使用性，古筝的共鸣箱不能改变，古筝的面板不能改变，古筝筝码的形状材料最好不要改变。

第二，改变古筝的头尾设计。为避免古筝因碰撞发生的破损导致古筝报废，在设计过程中将头尾处理成可拆卸的结构，一来可以在头尾破损的情况下能够更换，二来可以避免琴头与共鸣箱一体导致影响古筝音色。

第三，古筝筝码有七个微弱的高度差，使用者在安装时常常弄混导致古筝音色不佳，在筝码的设计过程中将筝码的色彩处理成渐变效果，高度相同的为同一色系，随着筝码高度的增加，颜色也逐渐减淡。

第四，古筝支架也采用可拆卸的片状结构。

第五，琴谱架与琴头做一体设计，琴头需包含琴盒。

4.设计方案

以黑白灰为主色调，结合中国水墨等元素进行设计，体现出水墨意境与现代简洁之美。琴架采用三片板通过插销结构连接而成，当琴架拿走时，古筝可以平放在地面弹奏，琴盒也可根据需求抽出。将21个筝码处理成由黑到白的渐变色，同一高度的为同一颜色。考虑到不能影响弹奏者的视线，所以靠近弹奏区的古筝最小，颜色为黑色。这样的设计不仅解决了难以辨别的问题，而且增加了古筝的美观度。渐变的筝码如同由远及近的高山。增添了"暮色山溪"的意境美，如图6-22 ～图6-25所示。

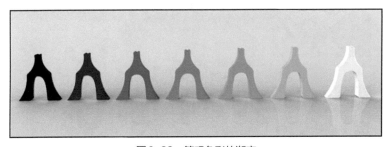

图6-22 筝码色彩的渐变

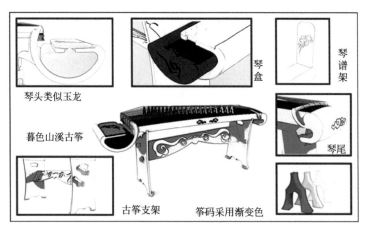

图6-23 古筝方案草图

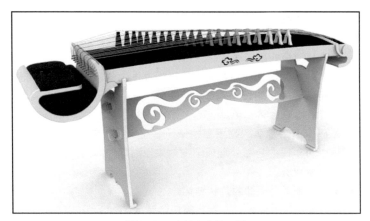

图6-24 古筝方案效果图

图6-25 古筝实物效果图

案例二：儿童益智玩具设计

1.设计背景

一个设计合理的玩具，是促进孩子心智成长不可或缺的伙伴。对于孩子来说，玩具就是最好的教育工具。玩具的主要功能，就是给孩子带来快乐，然而时至今日，加强儿童的早期教育已成为一个热点问题。于是，玩具所需要具备的不仅仅是简单的娱乐功能，在其所承载的功能中，教育已成为大势所趋。

2.设计调研

通过在幼儿园进行现场问卷、网络上发放问卷的方式，获得原始资料。由于是针对儿童的产品设计，所以样本的范围为儿童用品的消费群体，采用完全随机抽样方法。问卷设计如图6–26、图6–27所示。

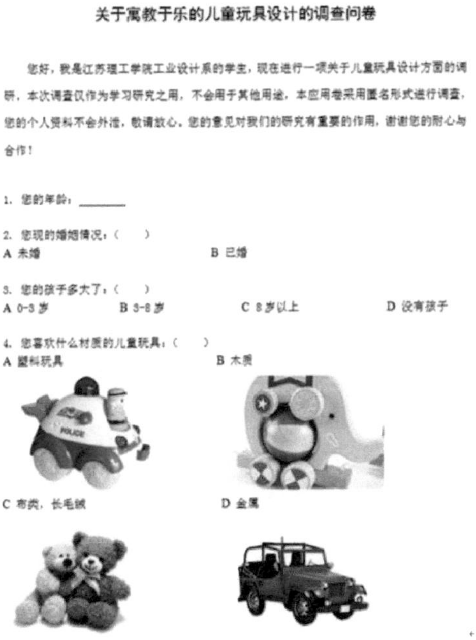
关于寓教于乐的儿童玩具设计的调查问卷

您好，我是江苏理工学院工业设计系的学生，现在进行一项关于儿童玩具设计方面的调研，本次调查仅作为学习研究之用，不会用于其他用途，本应用卷采用匿名形式进行调查，您的个人资料不会外泄，敬请放心。您的意见对我们的研究有重要的作用，谢谢您的耐心与合作！

1. 您的年龄：______

2. 您现的婚姻情况：（ ）
A 未婚 B 已婚

3. 您的孩子多大了：（ ）
A 0-3岁 B 3-8岁 C 8岁以上 D 没有孩子

4. 您喜欢什么材质的儿童玩具：（ ）
A 塑料玩具 B 木质
C 布类，长毛绒 D 金属

图6–26 调研问卷第1页

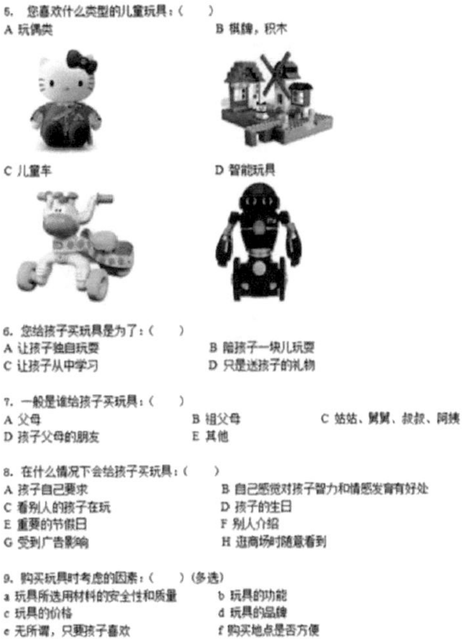
5. 您喜欢什么类型的儿童玩具：（ ）
A 玩偶类 B 棋牌，积木
C 儿童车 D 智能玩具

6. 您给孩子买玩具是为了：（ ）
A 让孩子独自玩耍 B 陪孩子一块儿玩耍
C 让孩子从中学习 D 只是送孩子的礼物

7. 一般是谁给孩子买玩具：（ ）
A 父母 B 祖父母 C 姑姑、舅舅、叔叔、阿姨
D 孩子父母的朋友 E 其他

8. 在什么情况下会给孩子买玩具：（ ）
A 孩子自己要求 B 自己感觉对孩子智力和情感发育有好处
C 看别人的孩子在玩 D 孩子的生日
E 重要的节假日 F 别人介绍
G 受到广告影响 H 逛商场时随意看到

9. 购买玩具时考虑的因素：（ ）（多选）
a 玩具所选用材料的安全性和质量 b 玩具的功能
c 玩具的价格 d 玩具的品牌
e 无所谓，只要孩子喜欢 f 购买地点是否方便

图6–27 调研问卷第2页

3.设计定位

根据调研分析和问卷结果，从培养孩子良好的习惯的方面入手，结合玩具的功能和作用，进行木质学步车的创新设计。适用于1 ~ 3岁，即处在婴儿期后期的儿童。本产品所需要具备的功能为娱乐功能，学步功能及教育功能；外形简洁，形态圆润、可爱，并保留木质特有的纹理；内部设有简单的木质机械传动结构；主体为木质，如椴木，橡胶木，榉木，荷木等；配合橡胶和ABS零件。

4.设计方案

在形态上达到两点：简洁，可爱。选择动物的造型，或是拟人化的造型，容易让孩子感兴趣，产生亲切的感觉。考虑到安全因素，尽量不在容易触碰到的地方设计尖锐的部件，同时保证整个造型为一个整体，不会有小的零碎部件，也尽量不要设计外露的孔洞或缝隙。由于1～3岁的孩子正处在学步阶段，所以带有学步功能。同时结合吸尘器，使学步车带有清洁的功能，从而培养孩子爱整洁的习惯。产品的材料为木质，所以保持木质原本的颜色及纹理，选择两种木色的木头作为搭配，配合小范围的色彩作为配色方案，最终效果如图6-28～图6-31所示。

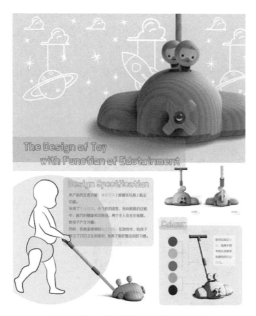

图6-28　益智儿童玩具设计效果图一

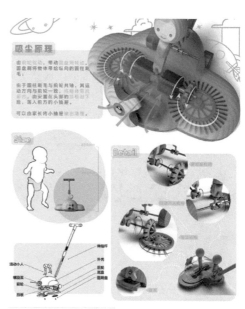

图6-29　益智儿童玩具设计效果图二

图6-30　益智儿童玩具实物效果图一

图6-31　益智儿童玩具实物效果图二

应用训练

　　根据本节内容，从产品的调研开始，进行一款全新的产品创新设计，完成整个产品设计的流程，并进行版面设计。

参考文献

[1] 江湘云. 设计材料及加工工艺. 北京：北京理工大学出版社，2003.

[2] 张锡. 设计材料与加工工艺. 北京：化学工业出版社，2010.

[3] 郑建启，刘杰成. 设计材料工艺学. 北京：高等教育出版社，2007.

[4] 丘潇潇，许熠莹，延鑫. 工业设计材料与加工工艺. 北京：高等教育出版社，2009.

[5] [英]克里斯. 莱夫特瑞. 欧美工业设计5大材料顶尖创意：陶瓷. 上海：上海人民美术出版社，2004.

[6] 毕梦飞. Autodesk官方标准教程系列:Autodesk Inventor 2016官方标准教程. 北京：电子工业出版社，2004.

[7] 刘国余. 产品形态创意与表达. 上海：上海人民美术出版社，2004.

[8] 王明旨. 产品设计. 杭州：中国美术学院出版社，1999.

[9] 丁玉兰. 人机工程学. 北京：北京理工大学出版社，2011.